DIESES BUCH IST GESCHRIEBEN VON LUISE HEINE, ANITA SCHÄFFER UND

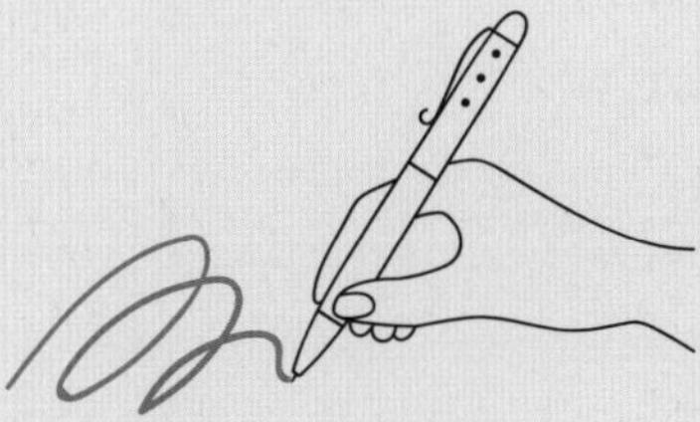

Dieses Buch ist nachhaltig und regional in Deutschland produziert. Das Papier ist FSCR-zertifiziert, und um Plastik zu sparen, verzichten wir auf eine Plastikfolie drumherum.

Dein PROJEKT. Dein GUIDE.

ulmer

Gartenvögel

einladen & verwöhnen

inhalt

LEVEL 3

DEINE vögel im ...

frühling 74

sommer 92

herbst 108

winter 120

Noch mehr Infos & Ideen gefällig?

Online findest du noch mehr Extramaterial zum Herunterladen und Ausdrucken.

Hallo du!

Dieser Guide wächst mit dir, während du wächst.

Vögel sind einfach spitze! Eigentlich sollte es viel mehr von ihnen geben. Bedauerlicherweise nimmt ihre Zahl ab. Darum ist es großartig, dass es Leute wie dich gibt! Menschen mit einem großen Herz für Vögel, die Lust haben, aktiv etwas für große und kleine Piepmätze zu tun.

Denn tun kannst du einiges! Und zwar jetzt gar nicht kompliziert und global gesehen, sondern ganz konkret auch im eigenen Garten oder bereits auf der Fensterbank. Die Möglichkeiten, die jeder hat, sind ganz individuell. Deswegen gibt es auch keinen festgelegten Punkte-Plan. Aber doch einige Dos and Dont's, die wichtig sind. Wir geben dir in diesem Buch zahlreiche – auch spielerische – Anregungen, wie du deinen individuellen Weg zum Vogel-Freund gestalten kannst. Und zwar im wörtlichen Sinne: In dieses Buch darf geschrieben, gemalt und gekritzelt werden!

Wie eine Art Tagebuch begleitet es dich so auf deinem Weg durchs Jahr und gibt dir nicht nur interessante Einblicke rund um deine Gartenvögel, sondern hilft dir selbstwirksam etwas für dich und deine Umwelt zu tun.
Du bekommst noch mehr zurück: Vögel besser kennenzulernen, sie in deine Umgebung zu locken, macht Spaß, und ist sogar gesund.
Und wer weiß, vielleicht sind ja deine Nachbarn und Freunde so begeistert von deinem Vogel-Paradies, dass auch sie ihr Herz für Vögel entdecken.

Viel Spaß mit „Deinen Gartenvögeln" wünschen dir

Luise & Christa

Wie du deinen Garten zum Vogel-paradies machst ...

Lerne deine Gartenvögel kennen ...

Begleite deine Garten-vögel durchs Jahr ...

Geh auf die Suche!

Auf Vogel-Safari zu gehen, macht großen Spaß! Beweis gefällig? Wir haben dir hier im Buch fünf Mal – einmal pro Kapitel – einen Zaunkönig versteckt. Das ist das kleinste Vögelchen, dass auch bei dir im Garten einziehen kann.

Trage hier ein, wo du die Zaunkönige gefunden hast:

1. ______
2. ______
3. ______
4. ______
5. ______

LEVEL 1

HOLE DIR DEINE vögel

Das Leben wäre nur halb so nett, wenn keiner einen Vogel hätt!

Heute schon einer Amsel gelauscht? Einer Blaumeise beim Turnen zugesehen? Mit einem Rotschwänzchen im Takt gewippt? Mehr Gartenvögel in deinem Leben lohnen sich in vielerlei Hinsicht – für deinen Garten und für dich!

Und: Es ist gar nicht so schwer, sie anzulocken! Faul darfst du dabei sogar ausdrücklich sein!

Haussperling

INHALT	SEITE	GECHECKT
Wie **vogelfreundlich** ist dein **Garten**?	14	☐
Werde ein **„fauler“ Gärtner**!	16	☐
Lass deine **wilde Seite** raus!	18	☐
Setze auf **heimische** Pflanzen und Gehölze!	19	☐
Richte **Schlafplätze** und **Kinderstuben** ein!	20	☐
Bau dir deinen eigenen **Nistkasten**!	22	☐
Decke den Vögeln den **Tisch**!	24	☐

Vögel machen das Leben bunter

Wer sich um Natur- und Vogelschutz kümmert, kümmert sich auch um seine eigene Gesundheit.

Vögel bereichern das Leben! Sie sind wichtiger Teil des Ökosystems und damit der Natur. Und: Sie tun auch etwas für dich und deine Gesundheit! Ein paar gute Gründe gefällig, warum es sich lohnt, mehr Vogelfreunde in deinen Garten zu holen? Voilà:

Vogelgesang hebt die Stimmung

Bei Stress gibt es ein einfaches Mittel zur Entspannung: Lausche dem Vogelzwitschern. Kein Quatsch, sondern wissenschaftlicher Fakt. Der Gesang wirkt beruhigend auf deine Amygdala, die sogenannte Mandelkern-Region, in deinem Gehirn. Das wiederum hilft, ängstliche Gedanken zu vertreiben und hebt die Laune. Der Gesang fördert unser Heile-Welt-Gefühl: Wir fühlen uns sicher und geborgen. Für den positiven Effekt reichen schon sechs Minuten Vogelgesang täglich. Also morgens schnell das Fenster aufmachen, zurück ins Bett huschen und das Konzert genießen!

Einen schicken Beobachtungsbogen für Vögel findest du auf Seite 35.

Vogelbeobachtung als Achtsamkeitsübung

Nicht nur der Gesang entspannt. Eine wunderbare Achtsamkeitsübung ist auch die Vogelbeobachtung: Wo kann ich gerade einen Vogel entdecken? Was ist das wohl für einer? Oder was macht der denn da gerade? … Das hilft ganz im Hier und Jetzt zu sein und lässt Sorgen und Probleme in den Hintergrund treten. Besonders stark ist die Wirkung, wenn man eine Art Tagebuch für Naturerlebnisse wie Vogelbegegnungen führt (⟶ Seite 34).

Vögel am Futterhaus zu beobachten, entspannt und lässt Naturverbundenheit entstehen – beides hilft beim Stressabbau. So das Ergebnis einer britischen Studie.

Mehr Vogelarten, mehr Zufriedenheit

Möglichst vielen Vogelarten im Garten eine Heimat geben, ist eine gute Sache für Vögel, aber auch für dich! Forscher aus Kiel haben herausgefunden, dass Europäer, die in Gegenden mit vielen Vogelarten leben, zufriedener sind. Konkret hieß es da, „dass zehn Prozent mehr Vogelarten in unmittelbarer Umgebung die Lebenszufriedenheit im gleichen Maße steigern, wie ein vergleichbarer Einkommenszuwachs“. Das klingt abstrakt, lässt sich aber übersetzen mit: Wenn du Vögel in deinen Garten lockst, macht dich das glücklich!

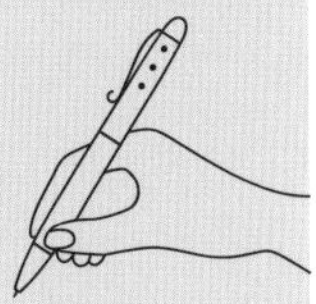

Schreibe auf!

Welche Erinnerung rufen die Möwen bei dir wach?

Hier rufen die Möwen:

Kleine Gärtner

Mal ehrlich, so ein Vogelschiss hat nicht unbedingt einen guten Ruf. Dabei sind die Kleckse oft der Ursprung neuen Lebens. Dann nämlich, wenn Samen mit ausgeschieden werden, die nun, an einem neuen Ort, keimen können. Manche Vogelarten verstecken aber auch Saatgut als Vorrat. Nicht alles wird wiedergefunden und führt so zu neuem Pflanzenwachstum.

Als besonders fleißig gilt der Tannenhäher, er versteckt rund 100 000 Zirbelkiefersamen pro Herbst. Bei uns im Garten lässt sich diese aktive Form des „Gärtnerns" vor allem beim Kleiber, aber auch bei Elstern, Krähen und Eichelhähern beobachten.

Aufräum-Helfer

Raupen, Blattläuse, Fliegen, Mücken – es gibt ein paar Tiere, die können mehr als lästig werden. Gut, dass es eine fleißige Truppe gibt, die ihnen Einhalt gebietet: die Vögel. Ein Zahlenbeispiel: Ein Rauchschwalben-Paar füttert seinen Nachwuchs täglich etwa 250 bis 350 Mal. Dabei liefern sie pro Futtereinheit 15 bis 20 Insekten. Da kommt was zusammen! Denn für Vögel sind Krabbeltiere und Co. eine wichtige Proteinquelle, die sie unter anderem brauchen, um ihren Nachwuchs schnell und gut groß zu ziehen. Dein Vorteil dabei: Dich umschwirren weniger Mücken und Fliegen.

Ein Garten mit viel Artenvielfalt bietet auch Vögeln reichlich Futter.

Wertvolle Vögel

Vögel sind wichtiger Teil des Ökosystems. Außerdem zeigen sie uns als Indikatoren, wie es unserer Umwelt geht, weil sie oft am Ende der Nahrungskette stehen. Liegt etwas im Argen, verschwinden auch die Vögel. So zeigt sich leider: Unsere Welt wird immer karger und lebloser. Eine Studie von BirdLife International spricht sogar davon, dass weltweit jede achte Vogelart bedroht ist. Die Folgen dieses Verlustes an Artenvielfalt sind nicht abzusehen. Das ist erschreckend und ein mehr als guter Grund zu versuchen, Artenvielfalt zu erhalten und zu fördern.

Mao Zedong hat 1958 versucht Spatzen in China auszurotten, da sie vermeintlich die Feldfrüchte stahlen. Die Folge: Viele tote Spatzen und im Anschluss eine ziemliche Insektenplage.

QUIZ

WIE vogelfreundlich IST DEIN garten?

Diese Fragen helfen dir bei der Einschätzung:

1. Möchtest du einen Garten, der möglichst wenig Arbeit macht?

→ Seite 16

A Habe ich schon!

B Klingt traumhaft!

2. Gibt es in deinem Garten Sträucher und Hecken?

A Reichlich! Das bietet auch guten Sichtschutz zu den Nachbarn.

B Könnten mehr sein.

→ Seite 19

3. Hast du Vogelkästen aufgehängt?

→ Seite 20

A Ja, mehr als einen. Schwierig?

B Nein. Möchte ich aber gerne – ist das nicht

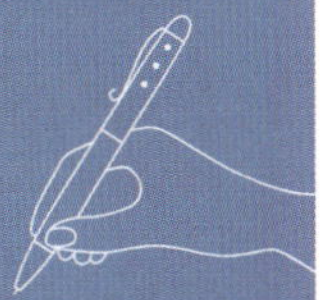

4. Darf Moos in deinem Rasen wachsen?

A Ja, das ist auch für die Füße schön weich.

B Nein, das sieht einfach nicht gut aus.

Seite 17

Kreuze an, was für dich passt, und schaue auf der entsprechenden Seiten nach den Antworten im Text.

5. Entfernst du im Herbst alle Laubblätter im Garten?

A Ja, und das ist immer ganz schön anstrengend.

B Nein, ich kehre sie einfach unters Gebüsch oder lasse sie liegen.

6. Hast du eine wilde Ecke, in die du nicht eingreifst?

Seite 18

A Nicht nur eine!

B Nein, sollte ich?

7. Ist dein Garten vielfältig und reich an Strukturen?

A Klar, Terrasse, Schotterbeet, Sandkasten und englischer Rasen.

B Klar, Mini-Teich und Brennnessel-Ecke, Reisig-Hecke und Sandarium.

Seite 18

Die Auflösung

Unsere Suggestiv-Fragen haben dir vielleicht schon gezeigt – eigentlich gibt es immer Möglichkeiten, etwas für die Vogelwelt zu tun, im Garten, aber auch auf dem Balkon. Was genau, erfährst du auf den nächsten Seiten.

Mach deinen Garten zum Vogel-Paradies

Keiner möchte Vögel vergiften. Doch wer Schnecken, Blattläusen und Unkraut mit Chemie zu Leibe rückt, schadet den Vögeln.

Vögel im Garten lohnen sich – das haben wir eindrücklich geklärt. Jetzt geht es darum, eine Einladung auszusprechen und die tollen Tiere mit entsprechenden Maßnahmen in deinen Garten zu locken. Klingt nach Arbeit? Mitnichten!

Werde ein „Lazy Gardener“!

Wer dem Lazy Gardening, dem entspannten Gärtnern frönt – also möglichst wenig in die Natur eingreift – tut sich besonders leicht, sein Grün naturfreundlich zu gestalten. Und er spart Zeit, Nerven und Geld. Mut zur Unordnung heißt dabei nicht, alles wachsen zu lassen! Die Kinder können genauso gut gemähte Flächen zum Spielen haben. Wichtig zu wissen: Ganz ohne Pflege kommt auch ein naturnaher Garten nicht aus – aber mit deutlich weniger. Anfangen kannst du mit dem Lazy Gardening jederzeit. Möglichkeiten gibt es viele.

"Wilde“ Gärten sehen nicht nur schön aus – sie bieten auch Lebensraum für Klein und Groß.

Lazy Gardening – so geht's

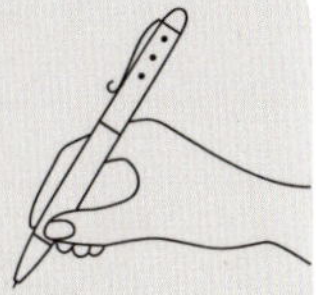

Kreuze an, was für dich passt. Unten ist Platz für deine eigenen Ideen.

Mach ich schon | Probiere ich aus! | Ist nicht meins

Mähe den Rasen nicht überall. So findest du schnell heraus, ob dort auch Blumen blühen würden.

Jäte vermeintliche Unkräuter nicht weg, sondern biete Insekten diesen Lebensraum an. Brennnesseln sind beispielsweise Kinderstube für viele Schmetterlingsarten.

Lass Moos im Rasen. Viele Vögel nutzen es gerne als Nistmaterial. Weitere Vorteile von Moos: Du musst weniger mähen, gießen und hast ein weiches Polster beim Barfußlaufen!

Lass tote Bäume einfach stehen. Sie bieten Lebensraum für viele Tiere.

Schneide im Herbst verblühte Pflanzenteile nicht ab. Sie bieten den Vögeln Futter oder Insekten ein Winterquartier. Das gleiche gilt für herabgefallenes Laub.

Lege einen Komposthaufen an. Hier brodelt das Leben regelrecht – und du wirst deinen Biomüll los.

Setze im Garten auf mehrjährige Stauden und Gehölze. Das spart Arbeit und Geld und kann zur schönen Spielwiese für viele Lebewesen werden.

Bevölkere Fensterbretter und Balkone mit Pflanzen. Das gibt Insekten Lebensraum und auch Vögeln Futter.

____

____

____

Lass deine wilde Seite raus

Du musst nicht den ganzen Garten umgestalten, um Vögeln eine Heimat zu bieten. Fang erst mal klein an, zum Beispiel mit einer wilden Ecke. Das sind Bereiche, in die du einfach nicht mehr eingreifst. Das kann ein versteckter Winkel sein, neben dem Kompost oder hinterm Schuppen. Oder vielleicht auch ein Bereich direkt im Sichtfeld. Da dürfen dann Brennnessel und Löwenzahn wachsen. Welches Leben wird sich hier wohl einfinden?

Ebenfalls spannend – und auch hübsch – ist es, unterschiedliche Lebensräume zu schaffen, indem du verschiedene Strukturen anlegst. Durch Stein-, Holzhaufen oder sandige Stellen kannst du neue Elemente und damit Lebensräume bieten. Auch Reisig- und Grünschnitthaufen sind gut für Insekten oder Vögel. Oder wie wäre es etwa mit einer dekorativen Wurzel im Blumenbeet? Hier ziehen ganz schnell auch Wirbellose (Insekten, Tausendfüßer, Asseln, ...) ein, die wiederum als Nahrung für Vögel dienen. Die Größe des Gartens spielt bei der Vogelfreundlichkeit übrigens keine Rolle – auch auf kleinem Raum lässt sich was bewegen.

TIPP

Perfekte Vogel-Pflanzen

- Eberesche
- Schlehe
- Schwarzer Holunder
- Weißdorn
- Heckenrosen
- Sanddorn
- Felsenbirne
- Berberitze
- Obstbäume
- Liguster
- Eibe

Setze auf heimische Pflanzen und Gehölze!

Wie viel Grün darf es denn sein? Heimische Wildpflanzen und regionale Gehölze sind ungeheuer wertvoll im Garten. Denn hier können sich viele der bei uns lebenden Insekten gut entwickeln. Damit füllst du nicht nur die Vogel-Speisekammer. Das Grün kühlt im Sommer deinen Garten und schützt ihn vor Wind und Wetter. Und, in der Regel müssen heimische Pflanzen, einmal angewachsen, nicht mehr gegossen werden. Ebenfalls nützlich sind Kletterpflanzen wie Efeu, Brombeere, Wilder Wein oder Geißblatt. Sie bilden einen schönen grünen Sichtschutz (auch für dich!) und bieten Nahrung und Obdach.
Wenn es also das nächste Mal darum geht, eine Pflanze bei dir neu anzupflanzen oder zu ersetzen, achte bei der Auswahl auch auf die Insekten- und/oder Vogelfreundlichkeit.

Einen „Vogelfreundlichen Garten" kann man sich in Bayern auch vom LBV bescheinigen lassen. Mit einer solchen Plakette erfahren die Nachbarn: Hier wird alles richtig gemacht!

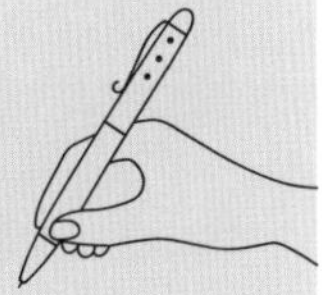

Schreibe auf!

Was ist dein nächstes Projekt?

Mähroboter, Laubbläser und Co. sparen vermeintlich Arbeit. Die Geräte sind aber nicht zimperlich im Umgang mit Tieren und Pflanzen. Naturfreunde setzen solches Gerät nicht ein.

Richte Schlafplätze und Kinderstuben ein

Alle Vögel legen Eier. Die meisten brauchen dafür ein Nest. Je nach Vogelart kannst du dabei unterstützen – hake an, was dein Garten bereits bietet. Grundsätzlich unterscheidet man folgende Arten von Brutnestern:

A Bodenbrüter …

… legen Eier in Kuhlen am Boden. Zum Beispiel Rebhuhn oder Enten. Die spielen im Garten keine Rolle (mitunter sind Katzen daran Schuld).

B Freibrüter …

… bauen ein freistehendes Nest zwischen Zweigen, gerne in Hecken, Bäumen und Sträuchern. Typische Vertreter sind Amsel oder Buchfink.

C Höhlenbrüter …

… mögen es gerne dunkel. Das können z. B. Spechthöhlen oder ausgefaulte Astlöcher sein. Mit Nistkästen kannst du gezielt helfen. Je nach Größe von Kasten und Einflugloch kommen unterschiedliche Bewohner.

D Halbhöhlenbrüter …

… mögen es geschützt, brauchen aber nicht rundum geschlossene Wände. Dazu gehört der Hausrotschwanz. Für sie gibt es eigene Nistkästen. Zusätzlich kannst du etwa Rotkehlchen eine Nisttasche anbieten. Dafür werden immergrüne Zweige oder langes Schilf zu einer Schlaufe gebunden und aufgehängt, sodass die „Biegung" nach unten hängt. Ein gemütliches Heim!

Vogelbeobachtung der Extra-Klasse bieten Vogelkästen mit eingebauter Kamera.

Dein Nachwuchs!

Ein Nistkasten im Garten ist eine tolle Gelegenheit, das Brutgeschehen live mitzuerleben. Zuerst wird die Vogel-Wohnung besichtigt und schließlich bezogen. Es bleibt mehrere Tage ruhig, bis die Eier ausgebrütet sind. Dann schaffen die Eltern unermüdlich Nahrung ran und bringen teilweise Fäkalsäcke (eine Art Windeln der Baby-Vögel) nach draußen. Ist ein Altvogel eingeflogen, piepsen die Küken lautstark, um den größten Futterbrocken abzukriegen. Sind die Jungvögel flügge, verlassen sie das Nest und sind mehrere Tage noch im Garten zu entdecken, wo sie von den Eltern gefüttert werden.

Aber Achtung: Vögel am Brutkasten sollte man immer behutsam beobachten, damit sie sich nicht gestört fühlen.

Wie du passendes Nistmaterial anbietest, erfährst du auf Seite 89.

TIPP

Auch am Balkon und sogar am Fensterbrett lässt sich eine Nisthilfe anbringen.

Welche Nistgewohnheiten haben diese Vögel?

- ☐ Kohlmeise
- ☐ Haussperling
- ☐ Rotkehlchen
- ☐ Gimpel
- ☐ Kleiber
- ☐ Bachstelze
- ☐ Feldlerche

Ordne den Nestern die passenden Vögel zu! Die Auflösung findest du auf Seite 141.

BAU DIR EINEN NISTKASTEN

Klar kannst du einen Nistkasten im Handel kaufen. Eine ganz besondere Erfahrung ist es aber, wenn in einen selbstgebauten Kasten ein Vogelpaar einzieht. Und es ist auch gar nicht so schwer, einen zu bauen! Diese Bauteile brauchst du, zusammen mit Schrauben und einem kleinen Drehhaken:

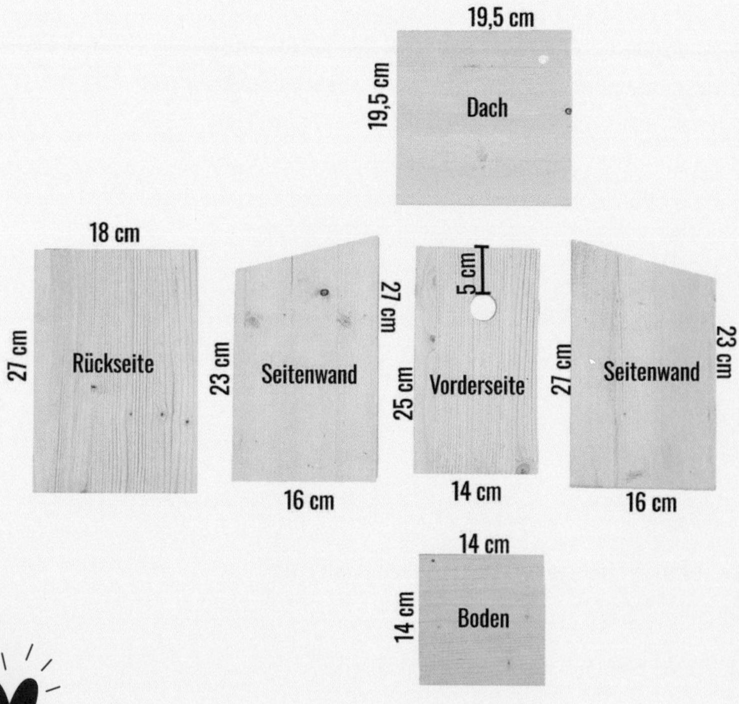

Für Halbhöhlenbrüter kann es schon reichen, einfach ein Querbrett an einer geschützten Stelle anzubringen.

Lochgrößen für Vogelarten

Vor allem kleinere Gartenvögel nutzen gerne ein von dir gebautes Vogelhaus. Welche Art einzieht, kannst du beeinflussen, indem du die Einfluglochgröße anpasst:

- Blaumeise: 25 mm
- Kohlmeisen: 28 mm
- Spatzen: 32 mm
- Star: 45 mm

① Schraube die Rückseite, den Boden und die Seitenteile zusammen.

② Die Vorderseite schraubst du auf beiden Seiten jeweils einen Zentimeter unter der Oberseite an den Seitenteilen fest. So lässt sich die Vorderseite später auf- und zuklappen. Am unteren Ende befestigst du den kleinen Drehhaken, der ein zufälliges Aufgehen verhindert.

③ Anschließend fixierst du das Dach. Und zwar so, dass überall ein kleiner Überstand das Häuschen schützt.

④ Optional kannst du hinten auch noch eine Leiste an deinem Häuschen anbringen. So lässt es sich leichter am Baum befestigen.

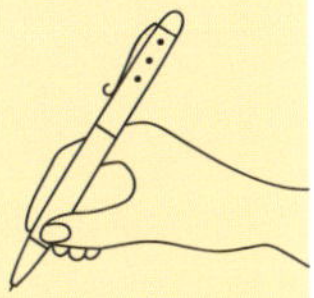

Schreibe auf!

Welche Erfahrungen hast du gemacht? Wer ist eingezogen?

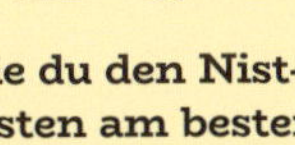

Wie du den Nistkasten am besten aufhängst, erfährst du auf Seite 86.

Decke den Vögeln den Tisch

Magst du Sonnenblumen? Vögel auch! Die Samen sind ein 1A-Vogelfutter. Aber auch andere Blühpflanzen bieten dir eine optische und den Vögeln eine kulinarische Pracht.

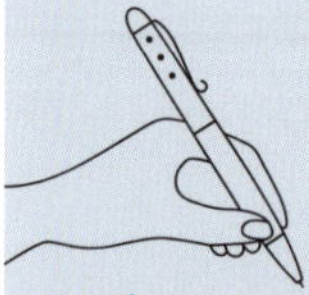

Hake ab, welche Pflanzen du schon im Garten hast, und trage gern ein, wen du noch andere Pflanzen hast oder haben möchtest.

Futterpflanzen-Lieblinge deiner Vögel

- [ ] Rispen-Flockenblume
- [ ] Disteln
- [ ] Echtes Mädesüß
- [ ] Wegwarte
- [ ] Natternkopf
- [ ] Steinklee
- [ ] Großblättrige Königskerze
- [ ] Löwenzahn
- [ ] Kornblumen
- [ ] Vergissmeinnicht
- [ ] ____________________
- [ ] ____________________
- [ ] ____________________

Ohne Insekten geht es nicht!

Körner stehen bei vielen Piepmätzen hoch im Kurs – spätestens bei der Jungvogel-Aufzucht greifen Vögel aber auf Insekten und Co. zurück. Das heißt: Wer Vögel im Garten haben möchte, muss wirbellosen Tieren Lebensraum bieten. Generell sind darum viele Blumen im Garten gut, weil sie Insekten anlocken. Setz dabei auf Sorten, bei denen die Blüten nicht gefüllt sind. Und lass die Finger von exotischen Blühstauden beim Discounter. Die Züchtungen bieten oft nur optische Reize. Die Insekten haben davon nichts. Es gibt viele heimische Blühpflanzen, die der Tierwelt Mehrwert bieten, und trotzdem tolle Farb- und Formkombinationen im Beet erlauben. Beispiel gefällig? Natternkopf statt Rittersporn!

Ein weiteres echtes Highlight ist eine Blühwiese! Die sieht nicht nur hübsch aus, sondern muss auch nur ein- bis zweimal pro Jahr gemäht werden.

TIPP

Damit Pflanzen Samen und damit Futter bilden können, nicht gleich nach der Blüte abschneiden.

Keinen Pieps für die Miez'

Vögel werden gefressen – das gehört zum Kreislauf der Natur. Aber ob nun ein Sperber eine Amsel schlägt oder sich eine Katze dauernd Fleisch-Häppchen vom Futterkasten mopst, ist ein Unterschied! Freilaufende Hauskatzen sind eine große Gefahr für Vögel im Garten. Achte deswegen darauf, Futterplätze und andere Hotspots für Vögel so einzurichten, dass sie dort nicht leichte Beute werden. Mit Metallkrägen oder Reisighaufen kann man Bäume mit Nistkästen schützen. Und nicht zuletzt warnt auch ein Glöckchen am Hals der Katze mögliche Beutetiere. Zu erwägen wäre auch eine Ausgangssperre für die Haustiger, zumindest während der Brut- und Aufzuchtzeit der Jungvögel.

Vögel füttern – ist das eine gute Idee? **Mehr dazu erfährst du auf Seite 126.**

Gemeinsam den Garten genießen

So, die Weichen für den vogelfreundlichen Garten sind gestellt! Haben wir was vergessen? Aber ja! Dich! Für dich brauchen wir auch noch eine gemütliche Ecke.

Eine, von der aus du deine Oase genießen und die Vögel beobachten kannst. Wie wäre es mit einem bequemen Stuhl auf der Terrasse oder dem Balkon, der Hängematte oder einfach nur einer Picknickdecke auf dem Boden? Mach dir eine schöne Tasse Tee, Kaffee oder ein Kaltgetränk, schnapp dir ein Kissen und setz dich in deinen Garten. Lass ihn auf dich wirken. Atme tief durch. Bist du schon entspannter?
Du kannst aber auch aktiv werden und auf Schatzsuche gehen. Schwirren Plüschpopos (aka Hummeln) herum? Findest du einen Marienkäfer? Wie schmeckt eigentlich ein Gänseblümchen? Naturerfahrung pur und vor der eigenen Haustür. Was will man mehr!?

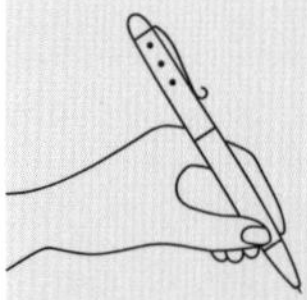

Schreibe auf!

Was gefällt dir an deinem Garten besonders gut?

Deine Garten-Speisekammer

Kennst du das Kinderbuch von Frederik die Maus? Der sammelt im Sommer schöne Momente, um sich daran in schlechten Zeiten zu wärmen – das kannst du auch!

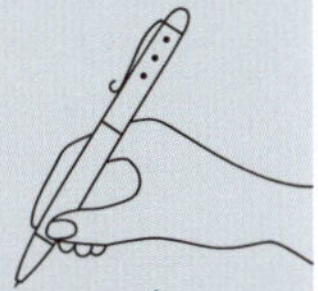

Hake ab, was du bereits getan hast und trage gerne ein, was du noch machen willst!

Garten-Genuss-Bucket-List

- ☐ den Vögeln gelauscht.
- ☐ an Blumen geschnuppert.
- ☐ mit Schmetterlingen getanzt.
- ☐ mir die Finger schmutzig gemacht.
- ☐ aus dem Garten ____________ genascht.
- ☐ Regentropfen mit dem Mund gefangen.
- ☐ draußen ein Mittagsschläfchen gemacht.
- ☐ mit Spatzen um die Wette gelärmt.
- ☐ Regenwürmer gestreichelt.
- ☐ eine Pusteblume verpustet.
- ☐ draußen eine Barfuß-Runde gemacht.
- ☐ Sternschnuppen beobachtet.
- ☐ mich von einer Amsel in den Schlaf singen lassen.
- ☐ ____________________
- ☐ ____________________
- ☐ ____________________

Rotkehlchen

LEVEL 2

MEINE vogel-freunde

Es zwitschert und piept, huscht und fliegt. Herzlichen Glückwunsch: Deine Einladung zum Wohlfühlen im Garten ist angenommen worden!

Welche Vogelfreunde sind denn gekommen? Sind es alte Bekannte? Oder mischen sich auch ein paar VIPs unter die Besucher? Zeit, deine Vogelgäste besser kennenzulernen! Durch Steckbriefe werden Freunde-Bücher zu ganz besonderen Erinnerungs-Schätzen! Ein paar Sachen haben wir dir schon eingetragen, andere kannst du super ergänzen.

Möchtest du etwas auf die Ohren? Bei den Porträts warten auch QR-Codes darauf, dir die jeweilige Vogelart hörbar zu machen.

Kleiber

INHALT

Wenn meine Seele Urlaub braucht, dann geh ich in den Garten.

Lerne deine Gäste besser kennen

Vögel kannst du draußen – auch in deinem Garten – eigentlich immer beobachten. Dafür reicht es sogar, sich ruhig ans Fenster zu stellen. Am besten fängst du mit einer Bestandsaufnahme an: Welche Vögel kennst du schon, welche erkennst du auch wieder? Deine Augen und Ohren helfen dir dabei, dass aus einem Speeddate mit einem Vogel eine Langzeitbeziehung wird (Seite 82).

Eine Studie aus Bayern hat gezeigt, dass 15-Jährige heute im Schnitt nur noch fünf Vögel erkennen.

Vogelwelt im Lauf der Jahreszeiten

Deine Vogel-Freundesliste wird sich übers Jahr verändern. Das liegt zum einen am sich ändernden Nahrungsangebot – das ist im Sommer deutlich reichhaltiger –, aber auch daran, dass einige Gartenvögel als Zugvögel im Winter lieber das (südlich-warme) Weite suchen. Besonders einfach ist die Vogelbeobachtung im Frühling, wenn das Liebeswerben auch für uns gut sichtbar ist. Oder im Winter, wenn das Futterhaus die Tiere aus der Deckung lockt.

Begrenzte Artenvielfalt

Viele unserer Gartenvögel leben eigentlich in Wäldern, strukturreicher Kulturlandschaft oder sogar Felsenlandschaften. Unsere Gärten bieten ihnen ähnliche Bedingungen, wie beispielsweise ein Waldrand oder eine Hecke. Die Vögel haben sich mehr oder weniger gut mit dem Leben mit Menschen arrangiert und nutzen

Im Sommer wie Winter wird der Haussperling am häufigsten in Gärten gesichtet, gefolgt von der Kohlmeise bei der Januar- und der Amsel bei der Mai-Vogelzählung.

das zusätzliche Angebot. Einige Arten wie Amsel oder Kohlmeisen haben dank gut ausgestatteter Gärten sogar leicht steigende Bestandszahlen. Wohnst du eher in der Stadt oder auf dem Land? Welche Arten du bei dir entdeckst, hängt auch von deiner Umgebung ab.

Birding – mein neues Hobby

Kennst du Birding? Damit ist das Hobby gemeint, sich allein oder gemeinsam auf die Suche nach Vogelbegegnungen zu machen. Manche arbeiten dabei Listen ab und versuchen seltene Exemplare, wie Blaukehlchen, zu sichten und vielleicht sogar abzulichten. Speedbirder wiederum sind die Hektiker unter den Vogelbeobachtern und versuchen, möglichst viele Arten in einem bestimmen Zeitraum zu sehen. So ambitioniert musst du aber gar nicht sein. Tatsächlich macht Birding auch im kleinen Maßstab ziemlich viel Spaß. Du lernst neue Vogelarten und auch deine Umgebung besser kennen. Probiere es doch mal aus!

Gleich in den Kalender eintragen!

Jedes Jahr veranstalten der Naturschutzbund Deutschland (NABU) und der Landesbund für Vogel- und Naturschutz in Bayern (LBV) die „Stunde der Gartenvögel/Wintervögel“.
Dabei notierst du eine Stunde lang bewusst, welche Vögel du siehst. Das ist spannend und gibt Gelegenheit, zur Bestandsaufnahme der Vogelwelt in Gärten beizutragen.

Auf du und du mit Gartenvögeln

Weißt du, welche Vögel bei dir wohnen? Klar, Blaumeise oder Amsel sind leicht zu entdecken. Es gibt aber auch noch andere, die deutlich unauffälliger und seltener sind. Je mehr Vögel du kennst, desto mehr Spaß machst es: Am Anfang freust du dich, wenn du einen erkennst. Dann, wenn du ihn wiedersiehst. Und schließlich wirst du neugierig, was er da eigentlich macht.

Es ist noch kein Meister vom Himmel gefallen! Auch beim Vogelbestimmen wirst du fürs Üben und Dranbleiben belohnt!

Dich kenn ich doch!

Auf den ersten Blick sehen Vögel für dich noch alle ziemlich gleich aus? Dann taste dich erst mal Schritt für Schritt an die Sache heran. Wie groß ist der Vogel ungefähr? Welche Gestalt hat er und welche Farben fallen dir auf? Jede Vogelart hat bestimmte Muster und Merkmale, auch im Verhalten, die dir helfen, sie besser wiederzuerkennen.

Außer diesem Buch gibt es auch andere super Bücher, die dir bei der Vogelbestimmung helfen. **Mehr dazu auf Seite 140.**

Auf Empfang!

Ohne Neugierde geht es nicht! Wenn du ein Geräusch hörst, eine Bewegung siehst, nimm dir die Zeit, und versuche, die Quelle zu entdecken. Kein Muss, aber durchaus hilfreich, ist ein Fernglas. Griffbereit am Fensterbrett platziert oder mit nach draußen genommen, hilft es dir schnell einen genaueren Blick auf deine Vogelfreunde zu werfen.

Frühaufsteher im Vorteil

Nicht umsonst heißt es „Der frühe Vogel fängt den Wurm“. Das gilt auch für dich: Morgens zur Brutzeit sind Vögel besonders gesangsfreudig und du kannst sie gut beobachten und vor allem hören. Am Gesang erkennt man (fast) alle Vögel eindeutig. Gerade am Anfang ist hier dein Handy – mit einer Vogelstimmen-App ausgerüstet – ein praktischer Helfer.

Gelegenheiten schaffen

Richte eine Futterstelle so ein, dass du sie gut beobachten kannst, ohne die Besucher zu stören. Oder einen Nistkasten, bei dem du das Ausflugsloch gut im Blick hast.

Mache Fotos von einem Vogel, den du überall erkennen würdest, und einem Vogel, den du gerade erst kennengelernt hast, und klebe sie hier ein.

Lernen vom Profi

Im Frühling werden von Fachverbänden eigentlich überall Vogelstimmen-Exkursionen angeboten. Ein Besuch lohnt sich! Nicht nur, dass man für Vogelstimmen sensibilisiert wird, der Leiter einer solchen Führung steht einem auch Rede und Antwort, wenn es um Fragen rund um die entdeckten Tiere geht.

Vogel-Beobachtungs-Tagebuch

Hier findest du diese Seite zum Download:

Möchtest du genauer im Blick behalten, wer dich besucht? Dann führe Tagebuch! Damit bekommst du einen guten Überblick. Genieß die Augenblicke mit den Vögeln und erlebe sie dank deiner Aufzeichnungen immer wieder.

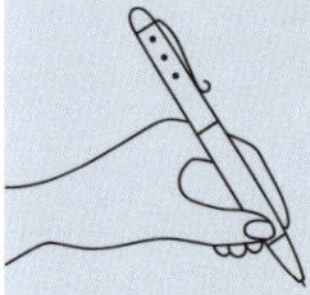

Fülle aus, was du beobachten konntest!

Datum ____________________

Uhrzeit ____________________

Ort ____________________

Wetter ☐ ☐ ☐ ☐ ☐

Standort

☐ am Boden ☐ in der Luft ☐ im Gehölz

☐ am Futterhaus ☐ am Nistkasten

☐ ____________________

Vogel	Anzahl	Was hat er gemacht?	Hat er gesungen?
			☐ 𝄞
			☐ 𝄞
			☐ 𝄞
			☐ 𝄞
			☐ 𝄞
			☐ 𝄞
			☐ 𝄞
			☐ 𝄞
			☐ 𝄞

Die kleine Vogel-Malschule

Fotos von Vögeln zu schießen ist nicht einfach? Dann mal doch einfach deine Beobachtungen auf! Hier eine kleine Malschule, wie du Standardvögel malst. Hast du die mal drauf, kannst du Form und Farben variieren.

Entdecke den Künstler in dir und male ein paar Vögel!

Gimpel

Wer piepst denn da?

Jetzt wird es konkret! Hier findest du die häufigsten Gartenbesucher im Porträt.

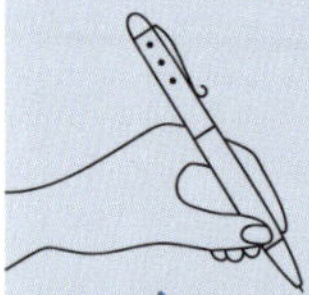

Hake in der Checkliste ab, wenn du ein Porträt durchgegangen bist.

Elster

INHALT SEITE

SO WERDEN DIE PORTRÄTS LEBENDIG

① Durch Steckbriefe werden Freunde-Bücher zu ganz besonderen Erinnerungsschätzen! Ein paar Sachen haben wir schon eingetragen – du kannst ergänzen!

② Das finde ich gut hilft dir, die Vorlieben des Piepmatzes besser kennenzulernen. Mit dem Wissen kannst du dieser Vogelart in deinem Garten etwas Gutes tun.

③ Möchtest du was auf die Ohren? Dann scann den QR-Code und lausche dem Gesang und den Rufen deiner Vogelfreunde. In dieser Dichte hörst du sie zwar in der Natur nicht, bekommst aber eine gute Vorstellung.

Vogelgesang macht viel von unserer Faszination für Vögel aus. Mehr dazu – und wie du dir die Stimmchen merken kannst – erfährst du ab Seite 80.

Meine Freundin, die ...

Amsel

Turdus merula

So singt die Amsel

→ Spitzname: Schwarzdrossel

→ So sehen sie aus: Amsel-Männchen setzen auf schlichtes Schwarz, als Extravaganz gibt es einen grellorangen Schnabel und gelben Augenring.
Je gelber, desto beliebter sind die Männchen bei den Damen. Weibliche Amseln tragen dagegen schlichte, dunkle Brauntöne.

→ So groß ist sie: 25 bis 29 cm, Flügel-Spannweite 35 bis 38 cm.

→ Das isst sie gerne: Insekten, Schnecken, Spinnen, im Herbst und Winter auch Samen und Beeren. Sehr gerne: Regenwürmer!

→ Das kann sie besonders gut: Amseln sind Meister im Hüpfen und Scharren am Boden. Damit locken sie Regenwürmer an die Oberfläche – die dann verspeist werden können.

→ Sie singt ... voll, abwechslungsreich, schallend und flötend mit tollen Melodien. Vor allem die Männchen singen im Frühling morgens und abends. Amseln schimpfen auch gerne („Tix-tix-tix“).

→ Das findet sie toll: Im Winter kann man Amseln mit aufgeschnittenen Äpfeln eine Freude machen.
Im restlichen Jahr ziehen sie gerne Regenwürmer aus offenen Flächen.

Was kaum einer weiß: Amseln verteidigen ihr Revier vehement – auch mit Körpereinsatz! Gerade im Frühjahr kann es dabei zu Toten kommen, wenn die Kämpfenden fahrende Autos übersehen.

Amsel-Männchen

Amsel-Weibchen

Bist du mein Lieblingsvogel? Ja Nein
Habe ich dich im Garten? Ja Nein

Das erste Mal gesehen habe ich dich am:

___

So häufig warst du bei mir zu Besuch:

Das war mein Lieblingsmoment mit dir:

___
___
___
___
___

Mein Freund, das …

Rotkehlchen

Erithacus rubecula

So singt das Rotkehlchen

→ Spitzname: Rotbrüschtli, Rötele oder Kehlrötchen

→ So sieht es aus: Markenzeichen ist die rot-orange gefärbte Kehle, Rücken und Schwanz sind graubraun. Dazu kommen schwarze Knopfaugen und ein eher kugeliger Körperbau.

→ So groß ist es: 13 bis 14 cm, Flügel-Spannweite 20 bis 22 cm.

→ Das isst es gerne: Insekten und deren Larven, Spinnen, aber auch Beeren und feine Samen.

→ Das kann es besonders gut: Rotkehlchen sind echte Frühaufsteher und geben ihre Konzerte teilweise schon um vier Uhr morgens. Auch die Weibchen singen – zumindest im Winter. Rotkehlchen sind fast das ganze Jahr über zu hören.

→ Es singt … silberhell, aber stellenweise etwas wehmütig. Die Tonhöhe und Geschwindigkeit wechseln, mit kleinen Trillern. Der Gesang erinnert entfernt an einen plätschernden Bach.

→ Das findet es toll: Rotkehlchen gewöhnen sich schnell an Menschen und trauen sich auch in ihrer Nähe nach Nahrung zu suchen. Gräbst du zum Beispiel deinen Garten um, halten sie gerne Ausschau nach Leckerbissen!

Was kaum einer weiß: Bei Rotkehlchen sehen Männchen und Weibchen gleich aus. Gut erkennen kann man dagegen das Alter: Jungtiere haben noch keine leuchtend orange-rote Brust. Bei ihnen ist sie braun geschuppt.

Bist du mein Lieblingsvogel? Ja Nein
Habe ich dich im Garten? Ja Nein

Das erste Mal gesehen habe ich dich am:

___

So häufig warst du bei mir zu Besuch:

Das war mein Lieblingsmoment mit dir:

___
___
___
___
___

Mein Freund, der ...

Zaunkönig

Troglodytes troglodytes

So singt der Zaunkönig

→ Spitzname: Schneekönig, Zaunschlupferl

→ So sieht er aus: Der Zaunkönig gehört zu den kleinsten Vögeln Europas. Das eher rundliche Tier besitzt ein rostbraunes Gefieder, das durch seine Bänderung für gute Tarnung sorgt. Auffällig sind die kurzen Schwanzfedern, die keck nach oben aufgestellt werden können.

→ So groß ist er: 9 bis 10 cm, Flügel-Spannweite 13 bis 17 cm.

→ Das isst er gerne: Am liebsten kleine Insekten und Spinnen.

→ Das kann er besonders gut: Unglaublich laut singen! Trotz seiner geringen Körpergröße kommt er auf circa 90 Dezibel – damit ist ein Zaunkönig bis zu einem halben Kilometer weit zu hören.

→ Er singt... in der Brutzeit schon ab vier Uhr morgens. Eine Zaunkönig-Strophe dauert vier bis fünf Sekunden und besteht aus verschiedenen Teilen mit Trillern und Rollern und einem eher abrupten Ende.

→ Das findet er toll: Bodennahe Schlupfwinkel finden Zaunkönige heimelig, dazu gehören Büsche, Hecken, oder Totholz-Haufen und dorniges Gestrüpp. Wildnis im Garten zieht sie magisch an!

Was kaum einer weiß: Zaunkönig-Männchen fertigen mehrere Rohbauten an Nestkugeln in niedrigem Gestrüpp oder Wurzeltellern an. Die Herzens-Dame darf sich eine aussuchen. In kalten Wintern finden sich Zaunkönige auch manchmal als kuschelnde Schlafgemeinschaft zusammen.

Bist du mein Lieblingsvogel? Ja Nein
Habe ich dich im Garten? Ja Nein

Das erste Mal gesehen habe ich dich am:

So häufig warst du bei mir zu Besuch:

Das war mein Lieblingsmoment mit dir:

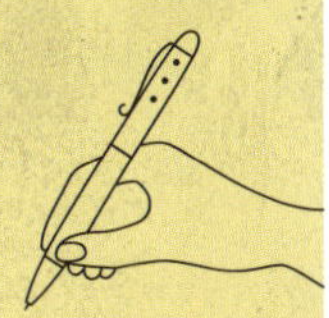

Trage ein!

Mein Freund, der …

Grünfink

Carduelis chloris

So singt der Grünfink

→ Spitzname: Grünling

→ So sieht er aus: Das Grünfink-Männchen macht mit seinem leuchtend gelb-grünen Federkleid seinem Namen alle Ehre. Im Flug kann man gut die gelben Bänder an den Flügeln sehen. Weibchen sind deutlich matter gefärbt.

→ So groß ist er: 14 bis 15 cm, Flügel-Spannweite 25 bis 27 cm.

→ Das isst er gerne: Sämereien, Beeren, Blüten und Knospen. Ganz junge Küken bekommen Insekten.

→ Das kann er besonders gut: Auf tierische Nahrung verzichten, nur ganz junge Küken werden unter anderem mit Blattläusen gefüttert.

→ Er singt… klingelnd und trillernd, zum einen sehr schön für die Ohren, ähnlich ein Kanarienvogel, zum anderen immer wieder „dschrüüüüjuh“-Rufe (ähnlich wie eine Armbanduhr, die aufgezogen wird), am Schluss garniert mit einem „quääák“.

→ Das findet er toll: Erwachsene Grünfinken sind Vegetarier und lieben Hagebutten – Rosen also nicht zurückschneiden. Auch hoch im Kurs: Löwenzahn und im Winter Sonnenblumenkerne am Futterhaus.

Was kaum einer weiß: 2009 kam es zu einem massenhaften Sterben von Grünfinken. Grund ist ein Krankheitserreger, der an Vogeltränken und Futterstellen übertragen werden kann. Reinlichkeit kann hier also (Vogel)Leben retten!

Bist du mein Lieblingsvogel? Ja Nein

Habe ich dich im Garten? Ja Nein

Das erste Mal gesehen habe ich dich am:

____

So häufig warst du bei mir zu Besuch:

Was war dein Lieblingsmoment mit mir?

____

____

____

____

____

Mein Freund, der …

Buchfink

Fringilla coelebs

So singt der Buchfink

Was kaum einer weiß: Früher wurden Buchfinken gerne als singende Unterhaltung in Käfigen gehalten. In einigen Gegenden Europas, etwa Belgien oder dem Harz, gibt es auch heute noch Finken-Gesangswettbewerbe.

→ Spitzname: Edelfink

→ So sieht er aus: Buchfink-Männer setzen auf prachtvolle rot-blaue Farbakzente. An den Flügeln haben sie schwarz-weiße Abzeichen. Die Mädchen tragen schlichtes Braun-Grau. Buchfinken sind neben Amseln die häufigsten Vögel bei uns.

→ So groß ist er: 14 bis 16 cm, Flügel-Spannweite 25 bis 28 cm.

→ Das isst er gerne: Bucheckern, Sämereien, Beeren, Insekten, Spinnen.

→ Das kann er besonders gut: Sehr ausdauernd sind Buchfinken beim Singen. Ihr „Finkenschlag“ besteht zum Teil aus vererbten und aus erlernten Gesangsteilen. Spannend dabei: Bei Buchfinken gibt es unterschiedliche Dialekte, je nach Ursprungsort.

→ Er singt… einseitig, aber inbrünstig. Er schmettert immer wieder die gleichen Melodien, und warnt zwischendurch mit „Fink“.

→ Das findet er toll: Buchfinken fühlen sich in Gärten mit Bäumen wohl. Im Winter ziehen Junggesellen-Gruppen von Buchfinken gerne von Futterhaus zu Futterhaus. Vorausgesetzt, da kann man gut landen.

Buchfink-Männchen

Buchfink-Weibchen

Bist du mein Lieblingsvogel? Ja Nein
Habe ich dich im Garten? Ja Nein

Das erste Mal gesehen habe ich dich am:

___

So häufig warst du bei mir zu Besuch:

Das war mein Lieblingsmoment mit dir:

___
___
___
___
___

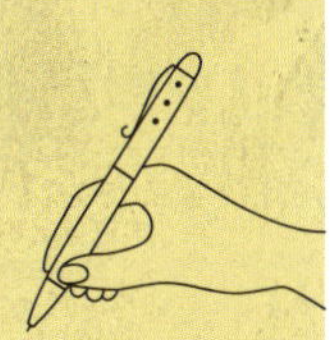

Trage ein!

Meine Freundin, die …

Kohlmeise

Parus major

So singt die Kohlmeise

→ Spitzname: Brandmeise

→ So sieht sie aus: Gelber Bauch, schwarz-weißer Kopf, Rücken olivgrün – ganz klar, eine Kohlmeise. Das Männchen ist gut am breiten schwarzen Bruststreifen zu erkennen – je kräftiger der Streifen, desto erfolgreicher das Kerlchen. Kohlmeisen sind die größten Meisen bei uns.

→ So groß ist sie: 10 bis 12 cm, Flügel-Spannweite 15 bis 21 cm.

→ Das isst sie gerne: Insekten und deren Larven, Spinnen, Sämereien und Früchte.

→ Das kann sie besonders gut: Anpassungsfähig sein. Als Höhlenbrüter nehmen sie auch mal mit einem Briefkasten Vorlieb. Und sie lernen von anderen Vogelarten durch Beobachtung, etwa, was lecker und was ungenießbar ist. Zu Menschen können sie durchaus zutraulich werden.

→ Sie singt … „di-dä-di-dä-di-dä". Das ist ein klassisches Kohlmeisen-Gesangsmotiv. Der Gesang ist insgesamt eher monoton.

→ Das findet sie toll: Ohne Moos ist bei Meisen nicht viel los. Daraus bauen sie ihre Nester – sehr gern auch in von Menschen aufgehängten Nistkästen.

Was kaum einer weiß: Kohlmeisen sind die größten Meisen bei uns und sind öfter zu sehen. Sie tendieren dazu, am Futterhaus besonders forsch aufzutreten und auch Nistmöglichkeiten kleineren Meisenarten streitig zu machen.

Bist du mein Lieblingsvogel? Ja Nein
Habe ich dich im Garten? Ja Nein

Das erste Mal gesehen habe ich dich am:

___

So häufig warst du bei mir zu Besuch:

Was war dein Lieblingsmoment mit mir?

___

___

___

___

___

Trage ein!

Meine Freundin, die …

Blaumeise

Parus caeruleus

So singt die Blaumeise

→ Spitzname: Himmelmeis, Bienenmeise

→ So sieht sie aus: Blau-gelber, kleiner Vogel? Das ist eine Blaumeise! Sie ist deutlich zierlicher als die Kohlmeise und auch flinker. Blaumeisen haben eine blaue Haube sowie bläuliche Flügel. Der Bauch ist gelb, der Rücken grünlich-grau.

→ So groß ist sie: 11 bis 12 cm, Flügel-Spannweite 17 bis 20 cm.

→ Das isst sie gerne: Insekten, deren Larven, Spinnen; im Winter Fett, Nüsse und Sämereien. Im Frühling trinkt sie auch mal Nektar, etwa aus den Kätzchen der Salweide.

→ Das kann sie besonders gut: Turnen. Blaumeisen klettern, hüpfen oder schwingen sich durchs Geäst. Hängen auch mal seitlich oder mit dem Rücken nach unten an einem Zweig oder an einem Meisenknödel.

→ Sie singt … „Zizibe zizibe zizibe“, das vor allem im frühen Frühling andauernd zu hören ist.

→ Das findet sie toll: Nistkästen für Blaumeisen sollten eine Lochgröße nicht größer als 25 mm aufweisen – dann passt kein anderer rein und die Blaumeisen nehmen den Kasten dankbar an.

Was kaum einer weiß: In England wurde früher die Milch in Milchflaschen, verschlossen mit einer Alufolie, vom Milchmann vor die Tür gestellt. Blaumeisen lernten schnell, den Deckel zu punktieren und die Sahne zu trinken. Ein Verhalten, was sie sich gegenseitig beibrachten.

Bist du mein Lieblingsvogel? Ja Nein
Habe ich dich im Garten? Ja Nein

Das erste Mal gesehen habe ich dich am:

So häufig warst du bei mir zu Besuch:

Was war dein Lieblingsmoment mit mir?

Mein Freund, der …

Gimpel

Pyrrhula pyrrhula

So singt der Gimpel

→ Spitzname: Dompfaff, Domherr, Blut-Fink

→ So sieht er aus: Schwarzes Köpfchen, roter Bauch und Wangen, grau-schwarze Flügel, „Stiernacken“, so präsentiert sich der als Pummelchen geltende Gimpel. Der Bauch der Weibchen ist etwas unauffälliger beige-braun gefärbt.

→ So groß ist er: 15 bis 16 cm, Flügel-Spannweite 22 bis 26 cm.

→ Das isst er gerne: Körner, Sämereien, Beeren, Blatt- und Blütenknospen. Die Küken bekommen Insekten.

→ Das kann er besonders gut: Unsichtbar werden. Trotz der auffälligen Färbung sind Gimpel schwer zu entdecken, weil sie sich meist im Geäst aufhalten. Ausnahme: Im Winter am Futterhaus.

→ Er singt … „düüh“. Gimpel sind sanfte Sänger. Wer einmal ihr „düüh“ richtig abgespeichert hat, wird ihn gut erkennen. Weil sie auch Melodien nachahmen können, waren sie früher beliebte Käfigvögel.

→ Das findet er toll: Samen! Birke, Fichte, Brennnessel, Brombeeren, aber auch Löwenzahn, Ampfer und Vogelmiere hat der Gimpel zum Fressen gern – und der Gimpel-Liebhaber im Garten stehen.

Was kaum einer weiß: Gimpel sind treue Seelen. Mindestens eine Saison, vielleicht aber auch ein Leben lang, sind sich die Partner treu. Das Sagen haben dabei die Weibchen.

Gimpel-Männchen

Gimpel-Weibchen

Bist du mein Lieblingsvogel? Ja Nein
Habe ich dich im Garten? Ja Nein

Das erste Mal gesehen habe ich dich am:

___

So häufig warst du bei mir zu Besuch:

Was war dein Lieblingsmoment mit mir?

___

___

___

___

___

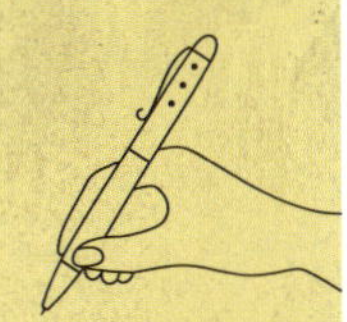

Trage ein!

Mein Freund, der ...

Haussperling

Passer domesticus

So singt der Haussperling

Was kaum einer weiß: Bei Gruppen gibt es eine Hackordnung, ähnlich wie bei Hühnern. Dominante Männchen haben besonders breite schwarze Kehlstreifen.

→ Spitzname: Hausspatz, Spatz

→ So sieht er aus: Die Männchen des Haussperlings haben eine graue Kopfplatte, schwarze Federn rund um die Augen, hellgraue Wangen und einen schwarzen Kehlfleck. Die Weibchen sind etwas unauffälliger graubraun gefärbt.

→ So groß ist er: 14 bis 16 cm, Flügel-Spannweite 20 bis 22 cm.

→ Das isst er gerne: Samen und Kerne, Insekten und andere Wirbellose.

→ Das kann er besonders gut: Haussperlinge haben sich perfekt an die Lebensweise der Menschen angepasst und leben in Kolonien gerne in unserer Nähe – wenn sie genügend Essen, Schlaf- und Nistplätze finden.

→ Er singt ... normalerweise „Tschilp“. „Drüüüü“, wenn er andere warnen möchte.

→ Das findet er toll: Andere Haussperlinge! Sie leben, baden, singen und fressen am liebsten in Gruppen zusammen. Da kann es schon auch mal laut werden! Was Gutes kann man ihnen mit einem Staub- oder Sandbad und einer Vogeltränke (Seiten 98 & 100) tun.

Haussperling-Männchen

Haussperling-Weibchen

Bist du mein Lieblingsvogel? Ja Nein
Habe ich dich im Garten? Ja Nein

Das erste Mal gesehen habe ich dich am:

So häufig warst du bei mir zu Besuch:

Feldsperling

Feldsperling
(Passer montanus)

Leicht zu verwechseln ist der Haussperling mit dem Feldsperling. Feldsperlinge tragen allerdings eine durchgehend braune Haube – Männchen wie Weibchen – und einen schwarzen Fleck (Feld) in der weißen Wange. Sie bevorzugen ländlichere Gebiete und sind weniger an den Menschen angeschlossen. Leider sind sie selten geworden. Der Rückgang an dem passenden Nahrungsangebot und passablem Wohnraum macht ihnen stark zu schaffen.

Mein Freund, der …

Kleiber

Sitta europea

So singt der Kleiber

Was kaum einer weiß: Kleiber sind kleine Lehm-Künstler. Mit dem Werkstoff gestalten sie den Eingang zur Bruthöhle (aka Nistkasten) so, dass sie ihren Bedürfnissen entspricht und Brutraum-Konkurrenten abhält. Auch innen wird mit Lehm und Rindenplättchen der Wohnraum anspruchsgerecht eingerichtet.

→ Spitzname: Spechtmeise

→ So sieht er aus: Blaugrauer-Rücken, eleganter schwarzer Augenstreifen, pfirsichfarbener Bauch. Kleiber erinnern an eine Mischung aus Meise und Specht – vor allem, wenn sie kopfunter am Baum hängen.

→ So groß ist er: 13 bis 14 cm, Flügel-Spannweite 18 bis 22 cm.

→ Das isst er gerne: Insekten und deren Larven, Spinnen, aber auch Samen und Beeren.

→ Das kann er besonders gut: Kleiber können kopfunter den Baum runterlaufen.

→ Er singt … „twiiiitt" – mit dieser Lautäußerung ist der Kleiber eindeutig zu identifizieren. Er hat auch noch ein Trillern auf Lager, das er gern zur Balz erklingen lässt.

→ Das findet er toll: Alte Laubbäume und generell ein insektenfreundlicher Garten weiß der Kleiber zu schätzen. Im Winter lässt er sich gerne am Futterhaus blicken.

Bist du mein Lieblingsvogel? Ja Nein
Habe ich dich im Garten? Ja Nein

Das erste Mal gesehen habe ich dich am:

So häufig warst du bei mir zu Besuch:

Was war dein Lieblingsmoment mit mir?

Meine Freundin, die …

Elster

Pica pica

So singt die Elster

→ Spitzname: Tratschkatel, Gackerhätzl
→ So sieht sie aus: Ihr schwarz-weißes Gefieder und der lange Schwanz machen die Elster unverwechselbar. Wer genau hinsieht, entdeckt, dass die schwarzen Federn toll schillern.
→ So groß ist sie: 42 bis 44 cm, Flügel-Spannweite 52 bis 60 cm.
→ Das isst sie gerne: Alles! Insekten, Würmer, Larven, Spinnen, Schnecken aber auch Aas, Eier und Vogelküken, Beeren, Früchte, …
→ Das kann sie besonders gut: Schlau sein! Als Mitglied der Rabenvögel-Familie bringt sie auch deren Intelligenz mit an den Start. Sie erkennen sich sogar selbst im Spiegel. Nützlich ist die Schlauheit zum Beispiel, wenn sie sich merken, wo andere Futter verstecken.
→ Sie singt … eher unauffällig mit schwätzenden und zirpenden Lauten. Unverwechselbar und laut ist dagegen ihr Geschimpfe: „Tschak-ak-ak".
→ Das findet sie toll: Eier. Mit einem (am besten angeknacksten) Ei kann man sie gut anlocken – und beim Knacken der Eierschale beobachten.

Was kaum einer weiß: Elstern klauen zwar keinen Schmuck oder glänzende Dinge wie im Märchen. Aber sie räubern gerne fremde Nester aus. Ihr eigenes Nest schützen sie dagegen gegen Blicke und Angriffe von oben durch ein Dach aus ineinander gewobenen Zweigen. Besonders im Winter kann man diese überdachten Nester gut in Baumkronen entdecken.

Bist du mein Lieblingsvogel? Ja Nein
Habe ich dich im Garten? Ja Nein

Das erste Mal gesehen habe ich dich am:

So häufig warst du bei mir zu Besuch:

Was war dein Lieblingsmoment mit mir?

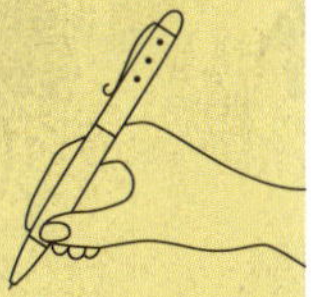

Trage ein!

Mein Freund, der ...

Zilpzalp

Phylloscopus collybita

So singt der Zilpzalp

→ Spitzname: Weidenlaubsänger, Geldwechsler, Erdzeisig

→ So sieht er aus: Klein und braunoliv – optisch nicht leicht zu erkennen. Allein sein markanter Gesang macht ihn unverwechselbar.

→ So groß ist er: 10 bis 12 cm, Flügel-Spannweite 15 bis 21 cm.

→ Das isst er gerne: Insekten (gerne auch Blattläuse), Spinnen, Beeren.

→ Das kann er besonders gut: Ab März den Frühling lautstark ankündigen! Dann kehrt er als einer der ersten Zugvögel zu uns zurück und legt gesanglich gleich los.

→ Er singt... „Zilp zalp zilp zalp“. Unermüdlich und gerne den ganzen Tag. Auch in anderen Sprachen nimmt sein Name Bezug auf seinen Gesang:
In England, Italien oder Polen heißt er „Chiffchaff“, in Holland „Tjiftjaf“.

→ Das findet er toll: Verstecken spielen, also Deckung und wilde Ecken! Seine Nahrung sucht der Zilpzalp gerne hoch im Gebüsch, genistet wird in Bodennähe.

Was kaum einer weiß: In Deutschland hat der Zilpzalp einen optischen Zwilling, den Fitis. Aber auch für Laien sind die Vögel gut zu unterscheiden, wenn der Zilpzalp den Schnabel aufmacht und zu Zilpzalpen beginnt.

Ich bin ein Zugvogel.

Bist du mein Lieblingsvogel? Ja Nein
Habe ich dich im Garten? Ja Nein

Das erste Mal gesehen habe ich dich am:

So häufig warst du bei mir zu Besuch:

Was sind deine Lieblingsmomente mit mir?

Trage ein!

Meine Freundin, die …

Mönchsgras-mücke

Sylvia atricapilla

So singt die Mönchsgrasmücke

→ Spitzname: Schwarzkapperl, Mönch

→ So sieht sie aus: Eigentlich unscheinbar grau, allerdings mit einer schicken schwarzen (Männchen) oder braunen (Weibchen) Kappe, nicht unähnlich einer Mönchshaube.

→ So groß ist sie: 13,5 bis 15 cm, Flügel-Spannweite 20 bis 23 cm.

→ Das isst sie gerne: Insekten, deren Larven, Spinnen, im Herbst Beeren.

→ Das kann sie besonders gut: Neue Wege gehen. In den letzten Jahren haben Mönchsgrasmücken begonnen, ihr Zugverhalten zu verändern. Teilweise überwintern sie nicht mehr im Mittelmeerraum, sondern in Großbritannien. Man vermutet hier eine Reaktion auf den Klimawandel.

→ Sie singt… mit Inbrunst und Lebensfreude! Mönchsgrasmücken beginnen leise schwätzend und drehen dann mit flötenden, sich überschlagenden Tönen die Lautstärke auf. Die markante Strophe wird immer wieder gesungen.

→ Das findet sie toll: Dichte Hecken und Sträucher, hier werden die Nester gebaut und mit Inbrunst gesungen.

Was kaum einer weiß: Die Jungvögel lernen die Gesänge von ihrem Vater. Schon im Herbst sind dabei erste Gesangsübungen zu hören, üblicherweise mit kürzeren Strophen. Dann ziehen sie erst mal ab, ins Winterquartier. Im Frühling lassen sie dann auch bei uns wieder die Brillanz ihrer Lieder ertönen.

Mönchsgrasmücken-Männchen

Mönchsgrasmücken-Weibchen

Bist du mein Lieblingsvogel? Ja Nein
Habe ich dich im Garten? Ja Nein

Das erste Mal gesehen habe ich dich am:

___

So häufig warst du bei mir zu Besuch:

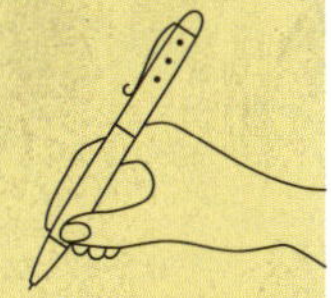

Trage ein!

Was war dein Lieblingsmoment mit mir?

___

___

___

___

___

Ich bin ein Zugvogel.

Mein Freund, der …

Star

Sturnus vulgaris

So singt der Star

→ Spitzname: Gemeiner Star, Starl, Stärle

→ So sieht er aus: Im Frühling schillert das schwarze Federkleid je nach Lichteinfall grünlich-lila. Im Herbst ist das frisch gemauserte Gefieder mit weißen Flecken gespickt. Außerhalb der Brutzeit sind sie gerne in großen Gruppen unterwegs.

→ So groß ist er: 20 bis 22 cm, Flügelspann-Weite 37 bis 42 cm.

→ Das isst er gerne: Insekten, Würmer, Schnecken, gern auch Obst, Beeren und Samen.

→ Das kann er besonders gut: Fremdsprachen! Besonders begabte Exemplare bauen Umweltgeräusche wie Handyklingeltöne oder Kreissägen-Geräusche in ihre Gesänge ein.

→ Er singt … unglaublich abwechslungsreich! Stare sind echte Tausendsassa und bieten ein breites Gesangs-Portfolio, gewürzt mit Knarren, Pfiffen und Schnalzlauten.

→ Das findet er toll: Obst und Beeren, was nicht alle Gärtner toll finden. Anlocken kann man den Star mit Starenkästen mit freier Anflugmöglichkeit und gutem Ausblick.

Was kaum einer weiß: Wolfgang Amadeus Mozart hatte einen Star als Haustier – der konnte auch klassische Musik pfeifen. Und: Stare sind kleine Romantiker. Die Nester werden, um die Damen zu überzeugen, auch mit Blumen geschmückt.

Ich bin ein Zugvogel.

Bist du mein Lieblingsvogel? Ja Nein
Habe ich dich im Garten? Ja Nein

Das erste Mal gesehen habe ich dich am:

___

So häufig warst du bei mir zu Besuch:

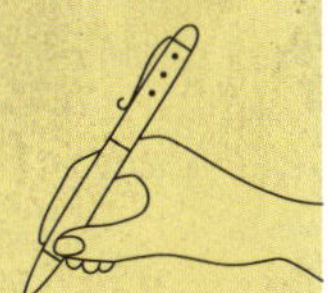

Trage ein!

Was war dein Lieblingsmoment mit mir?

___

___

___

___

___

Mein Freund, der ...

Haus-rotschwanz

Phoenicurus ochruros

So singt der Hausrotschwanz

→ Spitzname: Rußvogel

→ So sieht es aus: Männchen haben einen rußig grau-schwarzen Körper und Kopf, mit rostrotem Schwanz. Die Damen sind unauffällig graubraun gefärbt. Beide wippen gerne mit dem Schwanz und knicksen.

→ So groß ist es: 13,5 bis 14,5 cm, Flügel-Spannweite 23 bis 26 cm.

→ Das isst es gerne: Insekten und deren Larven, Spinnen, Schnecken, im Herbst auch gern Beeren.

→ Das kann es besonders gut: Früh aufstehen. Bis zu 70 Minuten vor Sonnenaufgang ist sein Gesang zu hören.

→ Es singt... nicht so richtig. Rotschwänze knarzen, knirschen oder pfeifen eher. Ihre Tonfolge ist normalerweise in Abschnitte unterteilt. Einem knirschenden Geräusch folgt etwa ein kleiner Träller. Schimpfen können sie auch: „huid teck-teck".

→ Das findet er toll: Als ehemaliger Bewohner von felsigen Gegenden findet er Gebäude-Nischen und Ritzen toll. Dort baut das Weibchen sein Grasnest und zieht die Küken vor Witterungseinflüssen geschützt groß.

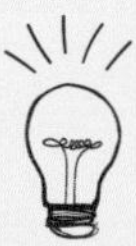

Was kaum einer weiß: Auch Hausrotschwänze sind Zugvögel. Sie verlassen uns als eine der letzten Zugvogelarten im Herbst und kehren früh im Jahr wieder, um schnell die besten Reviere zu besetzen.

Hausrotschwanz-Männchen

Hausrotschwanz-Weibchen

Bist du mein Lieblingsvogel? Ja Nein
Habe ich dich im Garten? Ja Nein

Das erste Mal gesehen habe ich dich am:

____

So häufig warst du bei mir zu Besuch:

Wir sind Zugvögel.

Gartenrotschwanz-Männchen

Gartenrotschwanz-Weibchen

Gartenrotschwanz
(Phoenicurus phoenicurus)

Der Hausrotschwanz hat noch einen „wilderen“ Verwandten, den Gartenrotschwanz. Der sucht die Nähe der Menschen seltener und fühlt sich in Parks, Wäldern und großen Gärten wohl. Am leichtesten lassen sich die Männchen unterscheiden. Beim Gartenrotschwanz leuchtet ein weißer Fleck an der Stirn, unterseits sind Gartenrotschwänze hell. Gesanglich hat der Gartenrotschwanz deutlich mehr zu bieten. Und klingt gefälliger für unser Ohr und hilft bei der eindeutigen Unterscheidung der beiden Rotschwänze.

Mein Freund, der …

Buntspecht

Dendrocopos major

So klingt der Buntspecht

→ Spitzname: Atzelspecht

→ So sieht er aus: Schwarz-weiße Flügel, heller Bauch, schwarze Haube am Kopf, dazu beim Männchen ein kecker roter Fleck am Hinterkopf, passend zum roten Hintern. Jungtiere haben noch eine rote Haube.

→ So groß ist er: 23 bis 25 cm, Flügel-Spannweite 34 bis 39 cm.

→ Das isst er gerne: Insekten und deren Larven, besonders, wenn die im Holz leben, im Winter auch Samen und Nüsse. Die werden in sogenannte „Spechtschmieden" (aka Holzspalten oder Astgabeln) gesteckt und geknackt.

→ Das kann er besonders gut: Holz aufklopfen! Natürlich um Futter zu finden, aber auch zum Höhlenbau. Dabei ist er so produktiv, dass er Heimstätten für viele andere Arten baut. Und er bekommt, dank verschiedener Tricks im Körperbau und gezielter Muskelanspannung beim Klopfen, keine Kopfschmerzen.

→ Er singt … nicht so richtig. „Kix kix kix" ist von ihm zu hören. Er trommelt aber gern laut und ausdauernd an Holz, um Revieransprüche anzumelden und Weibchen zu imponieren.

→ Das findet er toll: Baumreiche Gärten, am liebsten auch mit Totholz, wo Höhlen gebaut und Insekten gesnackt werden können. Im Winter kommt er auch ans Futterhaus.

Was kaum einer weiß: Spechte haben eine ziemlich lange und spitze Zunge mit einem klebrigen, widerhakigen Ende. Da entkommt auch in tiefen Bohrgängen kein Insekt. Die Zunge wird bei Nichtnutzung in spezielle Hohlräume im Kopf zurückgezogen.

Buntspecht-Männchen

Buntspecht-Weibchen

Bist du mein Lieblingsvogel? Ja Nein
Habe ich dich im Garten? Ja Nein

Das erste Mal gesehen habe ich dich am:

____

So häufig warst du bei mir zu Besuch:

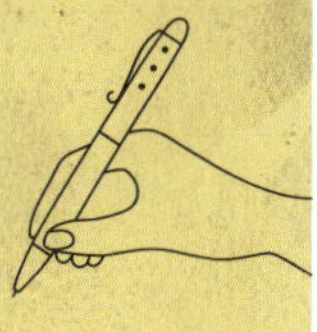

Trage ein!

Was war dein Lieblingsmoment mit mir?

____

____

____

____

____

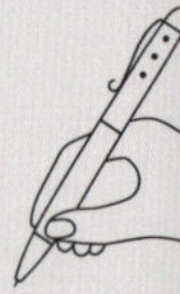

Seltenere VIPs

Trage ein!

Neben den gängigen Garten-Besuchern gibt es noch besondere Schätzchen, die dich vielleicht auch besuchen kommen. Zum Beispiel diese VIPs:

Das erste Mal gesehen habe ich dich am: ________________

So häufig warst du bei mir zu Besuch:

Kernbeißer *Coccothraustes coccothraustes*

Der Kernbeißer ist der größte heimische Fink, ein ziemlicher Brummer, deswegen mitunter auch „Finkenkönig" genannt. Auffällig ist sein kräftiger Schnabel, mit dem er problemlos Nüsse und sogar Kirschkerne knacken kann. Im Winter sieht man ihn manchmal am Futterhaus, wo er die anderen Vögel energisch auf Abstand hält.

Das erste Mal gesehen habe ich dich am: ________________

So häufig warst du bei mir zu Besuch:

Stieglitz *Carduelis carduelis*

Der Stieglitz, oder Distelfink, ist einer der buntesten Vögel, der dich im Garten besuchen kommt. Mit seinen roten, schwarzen, gelben und weißen Farbakzenten ist er unverwechselbar und ziemlich schön! Stieglitze lieben Disteln. Sie knuspern gern die Samen aus den Distelköpfchen und nutzen die Pflanzenwolle als Nistmaterial. Sehr praktisch: Der Stieglitz ruft seinen Namen – gerade im Flug ertönt das „stigelitt, stigelitt".

Bachstelze *Motacilla alba*

„Wippschwanz“, so wird die Bachstelze im Niederdeutschen genannt. Zu Recht, den Schwanz lässt sie oft wippen. Zusammen mit dem schwarz-weiß-grauen Gefieder kannst du sie daran gut erkennen – vor allem, wenn sie über offenes Gelände läuft, immer auf der Suche nach einem Insekten-Leckerbissen. Sie brütet in Nischen, wenn sie welche findet. Helfen kannst du ihr zum Beispiel mit einem Nischen-Nistkasten.

Das erste Mal gesehen habe ich dich am: ____________

So häufig warst du bei mir zu Besuch:

Singdrossel *Turdus philomelos*

Es gibt zwar auch Amseln, die weiße Flecken haben, aber Singdrossel haben die dunklen Tüpfel am hellen Bauch regelmäßig. Singdrosseln sind kleiner als Amseln, aber ebenso ausdauernde Sänger. Dabei wird das gleiche Motiv zwei bis vier Mal wiederholt. Besonders gern essen sie Gehäuseschnecken, die werden an Steinen geknackt.

Das erste Mal gesehen habe ich dich am: ____________

So häufig warst du bei mir zu Besuch:

Grünspecht *Picus viridis*

Die Leibspeise von Grünspechten sind Ameisen. Dementsprechend sind sie eher auf Wiesen als an Bäumen zu finden. Gleichzeitig ist der Grünspecht auch die bunteste Spechtart bei uns, mit überwiegend grünem Federkleid, hellem Bauch und mit schwarz-weißen Farbakzenten. Auffällig ist die rote Kopfhaube.

Das erste Mal gesehen habe ich dich am: ____________

So häufig warst du bei mir zu Besuch:

Hier findest du diese Seite zum Download:

Meine Vogelfreunde übers Jahr

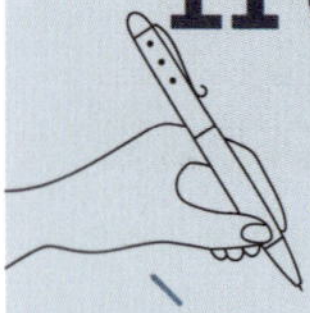

Male einen Punkt in die Tabelle, wenn du diesen Vogel gesehen hast.

Jetzt hast du einen ganz guten Überblick, was so in deinem Garten herumfliegt. Aber wie sieht es denn mit der Frequenz der Besuche aus, wer zeigt sich wann? Halte hier mal ein Jahr lang fest, welche Vogelfreunde sich in welchen Monaten von dir beobachten lassen:

	Januar	Februar	März	April	Mai	Juni	Juli	August	September	Oktober	November	Dezember
Amsel												
Rotkehlchen												
Zaunkönig												
Grünfink												
Buchfink												
Kohlmeise												
Blaumeise												
Gimpel												
Haussperling												
Kleiber												
Elster												
Zilpzalp												
Mönchsgrasmücke												
Star												
Hausrotschwanz												
Buntsprecht												

Mein Mood-Tracker

Diese Vögel kannst du jeden Monat nutzen, um ein inneres Stimmungsbild zu machen. Tracke jeden Tag deine Gefühle, warst du glücklich, okay oder unzufrieden?

Hier findest du diese Seite zum Download:

- glücklich
- okay
- unzufrieden

LEVEL 3

VÖGEL IM frühling

„Ich möchte so malen, wie ein Vogel singt.“
Claude Monet

Endlich gibt es wieder mehr Tageslicht, die Sonnenstrahlen gewinnen an Wärme und Pflanzen und Tiere trauen sich aus ihren Winterquartieren. Erste Insekten schwirren durch die Luft. Die Hormone kommen in Wallung. Es ist Zeit für die Liebe – auch bei unseren Gartenvögeln.

Der eine kommt früher, der andere später in Stimmung. Das sind jetzt perfekte Bedingungen für dich, dein „Den-Vogel-kenn-ich-doch“-Repertoire zu erweitern.

Fülle aus, was du im Vogel-Frühling erlebt hast, und ergänze deine eigenen Punkte.

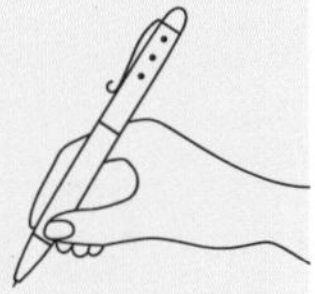

CHECKLISTE FÜR DEN FRÜHLING	SEITE	GECHECKT
Neue **Vogelstimme** erkennen gelernt	82	☐
Die erste Amsel morgens singen gehört, am ______________		☐
Die erste Mönchsgrasmücke singen gehört, am ______________		☐
Nistkasten aufgehängt	86	☐
Nistmaterial ausgelegt	89	☐
An der „Stunde der Gartenvögel" teilgenommen	31	☐
Erste Vogel-Minis im Nistkasten piepsen gehört, am ______________		☐
______________________________		☐
______________________________		☐

Gefiederte Frühlingsboten

Die Liebe ist ein anstrengendes Geschäft. Zum einen gilt es, sich selbst im besten Licht zu präsentieren. Zum anderen möchte man der Damenwelt eine prima Kinderstube und auch reichlich Futter bieten können. Ist ein passendes Revier gefunden, muss es vehement verteidigt werden! Die meisten Gartenvögel schlagen gleich zwei Fliegen mit einer Klappe: Mit ihrer Gesangskunst beeindrucken sie das andere Geschlecht und halten gleichzeitig mögliche Rivalen auf Abstand.

Welch ein Singen, Musizieren, Pfeifen, Zwitschern, Tirilieren

Das kann sich hören lassen! Wenn du ab Ende März in der Morgendämmerung unterwegs bist, hörst du die Vögel an jeder Ecke zwitschern. Gesangsproben findest du bei jedem Vogelporträt (ab Seite 38). Zu unserem Leidwesen ist die Stimme oft das Einzige, was man von den kleinen Tieren entdecken kann. Oder zum Glück – denn mit ein wenig Übung und viel Geduld kannst du so hören, welche Vogelgäste sich in deiner Nähe aufhalten. Und zwar auch, wenn sie sich eigentlich verstecken. Wie du das machst, erfährst du ab Seite 80.

Ab ins Nest!

Jetzt wird es auch allerhöchste Zeit, den Nistkasten aufzuhängen. Wer das im Herbst nicht gemacht hat, sollte jetzt noch zur Tat schreiten. Ob deine Gartenvögel dieses Angebot annehmen, hängt von vielen Faktoren ab. Einen Teil davon kannst du aber durchaus positiv beeinflussen. Neben einem naturnahen Garten, in dem sich Vögel gern aufhalten, spielt dabei auch der richtige Standort für die Kinderstube eine Rolle. Mehr dazu ab Seite 86.

Viele Sänger haben gern eine Bühne zum Singen – einen Dachgiebel oder hohen Baum. Gibt es das bei dir nicht, kannst du auch eine hohe Stange mit Sitzgelegenheit an der Spitze aufstellen.

Gesangsproben live erleben

Wann hast du Gesang gehört?	Was fühlst du dabei?	Welcher Vogel war es?

Singen verbessert die Laune. Das ist wissenschaftlich erwiesen. Aber alle Theorie ist grau, probiere es doch selbst mal aus: Spiel dein Lieblingslied ab und sing lauthals mit!

Trage ein: Wann hast du die ersten Vögel singen hören? Welcher Vogel war es? Wie hat dir der Gesang gefallen?

Rauchschwalbe

Dein Frühlings-Countdown

Neben den treuen Vogelseelen, die den Winter bei uns verbringen, kehren jetzt die Zugvögel unter den Gartenvögeln nach und nach aus ihren Winterquartieren zurück. Je nach Reiseentfernung geschieht das früher oder später. Dabei orientieren sich die Vögel weniger an den Temperaturen als an der Tageslichtlänge. Wird die länger, begeben sie sich auf die Rückreise. Wann wer eintrifft, ähnelt sich jedes Jahr und macht die Zugvögel zu prima Frühlingsboten. Das gibt dir die Chance, dir ein Bild davon zu machen, wie weit der Frühling schon ist.

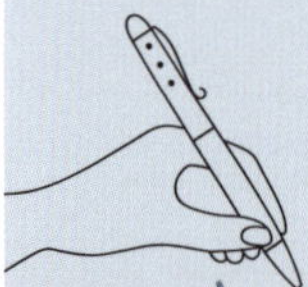

Trage ein, wen du wann gesehen oder gehört hast!

Welchen Vogel hast du wann bemerkt?

- [ ] Amsel, am ______________
- [ ] Zilpzalp, am ______________
- [ ] Star, am ______________
- [ ] Mönchsgrasmücke, am ______________
- [ ] Hausrotschwanz, am ______________
- [ ] Kuckuck, am ______________
- [ ] Schwalbe, am ______________
- [ ] ______________
- [ ] ______________
- [ ] ______________

Hier ist Platz, um einen Zugvogel zu malen. Vielleicht eine Schwalbe? In der kleinen Malschule auf S. 34 findest du eine Anleitung.

Manche Zugvögel kommen jedes Jahr früher zurück – der Klimawandel lässt grüßen. Es gibt auch Vögel, die gar nicht mehr abreisen. Manche überwintern, zum Beispiel Stare oder Störche.

Dein Orchester im Garten

Die Singvögel sind die Meistersänger unter den Vögeln. Möglich macht das der untere Teil ihres Kehlkopfes (Syrinx), der beim Ausatmen in Schwingung versetzt wird. Das tun sie vor allem aus zwei Gründen: zur Revierverteidigung und für die Liebe. Das sorgt für ganz schönen Krach im Garten. Wobei die Betonung auf „schön“ liegt. Und je mehr Stimmen so ein Orchester hat, umso imposanter!

Talk birdy to me: Vogelstimmen erkennen

Vögel am Gesang zu erkennen, ist nicht einfach und braucht viel Geduld. Aber je mehr du kennst – und erkennst –, desto mehr Spaß macht es. Es gibt zum Beispiel Vogelarten, die rufen ihren Namen: „Kuckuck“, „Zilpzalp“, „Stieglitz“ und „Uhu“. Das sind die absoluten Anfängervögel. Da hast du schnell Erfolge.

Am vielfältigsten ist das Vogelkonzert Mitte April, danach ebbt es langsam ab. Ab Juli wird es deutlich stiller.

Rufe vs. Gesang

Klar, der Singsang ist akustisch besonders beeindruckend. Vögel kommunizieren aber auch mit Lauten. Da wird keckernd vor Gefahren gewarnt, laut schnalzend geschimpft oder leise gefiept. Lass dich davon nicht verwirren, sondern sieh es als Chance! Bei den meisten Vögeln hast du folglich mehrere Töne, die dir helfen, die Tiere richtig zuzuordnen.

Dein Vogel-Beobachtungs-Tagebuch kann dir auch beim Vogelstimmen-Lernen wichtige Dienste leisten. Mehr dazu ab Seite 35.

„Glaub, Lieber, es war die Nachtigall …“

Im Idealfall bist du in der Lage, einen Blick auf den Piepmatz zu erhaschen. Leider verstecken sich die Sänger oft. Doch dann gibt es ein paar Tricks, die dir helfen, zum Beispiel die Tageszeit. Denn schon Shakespeare wusste: Echte Kenner können am Gesang bestimmter Vögel ungefähr die Uhrzeit erkennen. Denn die singenden Gartenvögeln halten freundlicherweise bestimmte Uhrzeiten ein. Taktgeber ist die Morgendämmerung. Möchtest du also Schritt für Schritt Vogelstimmen lernen, lohnt sich das frühe Aufstehen und lange Lauschen. Je später der Morgen, desto mehr Stimmen werden es. Nimm dir zu Beginn nicht zu viel vor, und freu dich über kleine Erfolge.

Die Nachtigall singt übrigens etwa ab 23 Uhr bis in den Morgen hinein. Ihr Gesang ist damit wirklich ein guter Grund, noch etwas im Bett zu bleiben.

Der NABU hat eine Vogel-Uhr entwickelt, mit deren Hilfe du feststellen kannst, wann welche Piepmätze morgens zu hören sind.

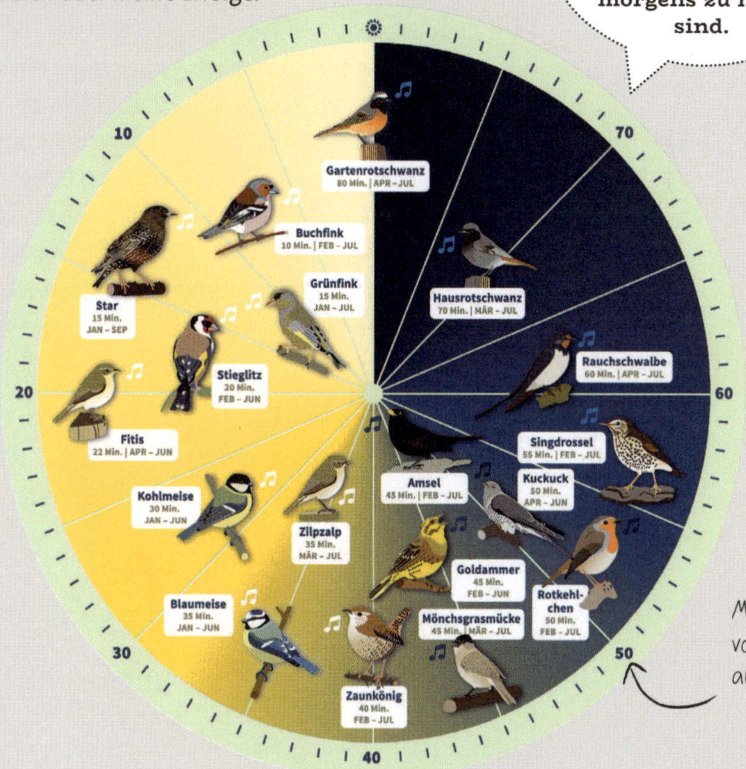

Minuten vor Sonnenaufgang

Vogelstimmen erarbeiten

Es gibt einige Vögel, die zumindest häufig sind und einen immer ähnlichen Ruf haben – Spatzen, Meisen und auch Amseln. Hier hilft es dir, wenn du dich langsam an die Stimmen rantastest.

Nimm dir zum Beispiel eine Vogelstimme per App auf, von der du gerne wissen möchtest, welcher Vogel dahintersteckt. Später kannst du sie mit digitalen Vogelstimmen-Aufnahmen abgleichen. Klingt mühevoll? Ist aber besonders nachhaltig. Denn eine Vogelstimme, die du so erkannt hast, merkst du dir deutlich leichter. Darüber hinaus gibt es auch Bestimmungs-Apps, die dir Vorschläge machen, welchem Stimmchen du hier wohl lauschst. Gerade bei den häufigen Vögeln ist ihre Zuverlässigkeit recht gut. Spaß macht es auch, online oder per App ein Vogelstimmen-Quiz zu machen. Wie viele du dabei wohl erkennst?

Manche Vögel haben, je nach Region, auch andere Dialekte. Bayerische Buchfinken singen zum Beispiel anders als solche aus Hamburg.

Merksprüche für Vogelstimmen

Nehmen wir an, du weißt jetzt, welche Vögel du hörst. Jetzt musst du dir Namen und Laut nur noch (langfristig) merken. Vogelkundler haben sich zum Teil Eselsbrücken ausgedacht, die dir das Einordnen erleichtern sollen. Dabei sind einige lustige:

Vogelart	Merkspruch
Blaumeise	Ich bin nicht zimperlich mit dir
Kohlmeise	Judith *oder* Frühling! Frühling! Frühling!
Buchfink	Es gibt noch viele schönere Mädchen als Rrrrosmarrrrie.
Hausrotschwanz	Du f-f-fauler Strrrick, k-kommst jetzt erscht nach Haus!
Amsel	Ich gehe zu Frida. Morgen komme ich wieder.
Rauchschwalbe	Hab' Nadel im Schnabel und keinen Zwirrrrrrn.

Raben sind die größten Singvögel! Sie singen aber nicht, sondern können sogar sprechen lernen. Das machen sie aber nur, wenn sie in Gefangenschaft sind und sich langweilen.

Experten-Vögel

Ein Bussard, eine Amsel und Meise singen scheinbar aus der gleichen Kehle? In Wirklichkeit ist es aber ein Star! Es gibt Vögel, die ahmen gern andere Vögel nach. Sie haben ein riesiges Lieder-Repertoire. Und es gibt noch ganz viele Vögel, die einfach selten sind. Du hast also bei denen nicht oft Gelegenheit zum Üben.
In der Folge ist der Schwierigkeitsgrad fürs Vogelstimmen-Lernen nach oben offen. Taste dich einfach langsam Vogel für Vogel ran und freu dich, wenn du auch im nächsten Jahr noch sicher „deine" Vögel am Gesang wieder erkennst!

TIPP

Vogelexkursionen bei dir in der Gegend und Vogelstimmen-Bootcamps bieten dir optimale Bedingungen, deine Kenntnisse zu erweitern und Experten mit vielen Fragen zu löchern.

Wer wohnt denn hier?

Immer wieder wirst du im Garten – aber auch anderswo – Nester entdecken. Einige sind so speziell, dass du sofort sagen kannst, wer darin wohnt. Probiere es doch mal aus:

Hoch in den Bäumen und mit Dach - dieser Vogel schützt sein Nest vor neugierigen Raubvögel-Blicken von oben.

Praktisch, wenn man sich in der Nähe von Nutztieren sein Nest selbst aus Lehm zusammenkleben kann – vorausgesetzt man findet Lehm und auch genügend Insekten.

Hier mag es einer versteckt – darum entdeckt man die Nester oft erst, wenn im Herbst das Laub fällt.

Unermüdlich und ohne Kopfweh werden diese Kinderstuben gezimmert.

Außen schick mit Flechten getarnt, das macht vor allem ein Vogel!

Ordne jedem Nest seinen Vogel zu! Schreibe die Zahl am Nest in das Kästchen beim passenden Vogel.

☐ Rauchschwalbe

Buchfink ☐

Elster ☐

☐ Buntspecht

☐ Amsel

Die Auflösung findest du auf Seite 141.

Jetzt wird gebaut!

Mehrfamilienhaus, Alleinlage, mit oder ohne Dach – die Ansprüche und Vorlieben der Vogelarten sind sehr unterschiedlich (mehr dazu auf Seite 20).

Den Kasten am besten mit einem rostfreien Alunagel oder einem ummantelten Draht am Baum anbringen.

Hol dir die Vögel in den Kasten

Schon im Februar beginnen die meisten Vögel sich nach einer geeigneten Wohnung für die Familiengründung umzusehen. Das bedeutet, wer jetzt noch schnell Vogelhäuschen aufhängt, bietet seinen Gartenvögeln etwas (→ Seite 22). Und wenn jemand einzieht, kannst du die Jungvogel-Aufzucht live miterleben!

Standort fürs Vogelhaus

Vogelkasten bereit zum Einzug? Dann muss er jetzt nur noch an der richtigen Stelle aufgehängt werden. Das ist gar nicht so schwer!

Sei nicht traurig, wenn dein Nistkasten nicht gleich angenommen wird. Mögliche Gründe gibt es viele. Du kannst probieren, den Kasten im Herbst noch einmal an neuer Stelle anzubieten.

Aber sicher!
Stare lieben Nistkästen mit freier Rundumsicht, Meisen mögen es gerne gut geschützt. Wie hoch ein Kasten hängt, ist weniger wichtig als die Art des Kastens, Größe und Einflugloch – und vor allem muss der Brutplatz sicher sein vor Störungen und geschützt gegen Plünderer. Je nach Möglichkeiten an der Hauswand, im Baum oder an einer langen Latte (für Stare). Einfach ausprobieren, wo ein Kasten den Vögeln zusagt und angenommen wird.

Passt der Abstand?
Kästen gleicher Machart am besten mit mindestens 10 Meter Abstand voneinander aufhängen, damit es nicht zu Revierdrängeleien kommt. Ausnahmen sind Spatzen, Schwalben und Stare – die brüten gern in Kolonien und mögen Gesellschaft.

Auch ein einfaches Brett kann Nisthilfe sein, wenn es geschützt liegt.

Am liebsten schattig
Gerade im Sommer knallt die Sonne oft vom Himmel. Wenn man dann als kleiner Baby-Vogel in so einem Kasten sitzt, kann das zu heiß werden. Achte deswegen beim Aufhängen darauf, dass dein Vogelkasten geschützt und schattig hängt. Dabei hilft die Ausrichtung des Loches nach Osten oder Südosten.

Optimaler Standort für dein Vogelhaus

- [ ] Das Haus hängt mit Flugloch nach Osten oder Süd-Osten.
- [ ] Es ist geschützt vor praller Sonne und es kann nicht rein regnen.
- [ ] Katzen können nicht so leicht ran.
- [ ] Der Kasten hängt höher als 2 Meter.
- [ ] Befestigt ist das Vogelhaus mit rostfreien Nägeln.
- [ ] Andere Vogelhäuser sind mindestens 10 Meter entfernt.

Hake ab!

Katzen und Marder dürfen nicht gut ans Häuschen kommen. Bei Bedarf kannst du den Baum mit einer Manschette gegen die Räuber sichern.

Kunstweber und faule Socken

Auch hier sind Lazy Gardener klar im Vorteil – bei ihnen bietet der Garten von Haus aus reichlich Baumaterial. **Mehr dazu auf Seite 16.**

Die fluffigsten und weichsten Federn verwendet die Eiderente zur Auspolsterung. Die Daunen werden nach dem Brutgeschäft gern von Menschen gesammelt und in (sehr teure) Kleidung verarbeitet.

Nestarten gibt es ganz unterschiedliche. Während es zum Beispiel Tauben schon reicht, ein paar Zweige – alibihaft – auf einen Fleck zu legen, weben etwa Schwanzmeisen richtige Kunstwerke aus Moos, Grashalmen, Spinnweben und Flechten. Amseln verbauen gern Erde und Buchfinken tarnen ihre Nester, dank klebender Spinnweben, mit schicken Flechten.

Schön kuschelig!

Grundsätzlich kann man sagen: Die meisten Vögel mögen es gemütlich! Darum polstern sie ihre Nester zusätzlich mit weichen Materialien aus. So kühlen die Eier nicht so leicht aus, und die Küken haben es im Anschluss weich und bequem. Was für die Polsterung verwendet wird, ist von Vogelart zu Vogelart unterschiedlich. Klassiker sind eigene oder fremde Daunenfedern. Das ist deine Chance, deine Gartenfreunde zu unterstützen: Du kannst den Vögeln Nistmaterial zur Verfügung stellen! Schafwolle und andere feine Fasern werden gern ausgezupft. Wichtig dabei: Nur natürliche Fasern, keine Kunstfasern anbieten! Sie sollten nicht zu lang sein, damit sich die Küken nicht verheddern.

NISTMATERIAL ANBIETEN

① Federn: Kaputte Kissen auf keinen Fall wegwerfen! Lieber die Federn im Frühjahr draußen für den Nestbau anbieten.

② Moos: Wer seinen Rasen ein bisschen vermoosen lässt, bietet Vögeln 1A-Nistmaterial an. Ganz ohne Arbeit!

③ Haare: Ausgekämmte Haustier- oder Pferdehaare zwischen Astgabeln geklemmt oder in alten Kartoffelnetzen angeboten, werden gern eingesammelt.

TIPP

Meisenknödelhalter sind gute Helfer beim Anbieten von Nistmaterial.

Was für bunte Federn würdest du deinen Vögeln bereitstellen?

Der frisst mir aus der Hand!

Deine Gartenvögel sind Wildvögel. Das heißt, eigentlich sollten sie so scheu sein, dass sie die Flucht ergreifen, wenn ihnen ein möglicher Beutegreifer (du!) zu nahekommt. Eigentlich. Denn manchmal gibt es Exemplare, die sind ausgesprochen zutraulich! Gerade Meisen, Spatzen und auch Rotkehlchen gewöhnen sich gut an Menschen.

Manche Vögel können ihre Zutraulichkeit auch an ihren Nachwuchs weitergeben.

Und mal ehrlich: Träumt nicht jeder davon, im Garten von seinen Gartenvögeln nicht als Feind, sondern als Freund gesehen zu werden? Vielleicht sogar mit einem vertrauensvollen Landeversuch auf der ausgestreckten Hand mit Futter drauf?

Play safe

Damit es so weit kommt, müssen verschiedene Voraussetzungen erfüllt werden. Eine der wichtigsten ist: Sicherheit. Bietet der Garten genügend Versteckmöglichkeiten, traut man sich als Vögelchen auch eher was!

Geduld

Rotkehlchen, Meise und Co. müssen dich erst mal kennenlernen. Dabei ist viel Geduld gefragt. Sie müssen dich quasi als ungefährlichen Bestandteil des Gartens wahrnehmen. Dazu gehört, sich ruhig hinzusetzen und die Gartenvögel zu beobachten. Haben sie sich an dich gewöhnt, kannst du vorsichtig versuchen, ihnen näher zu kommen.

Liebe geht durch den Magen

Rotkehlchen werden oft gesichtet, wenn man den Garten umgräbt. Die dabei zutage geförderten Würmer finden sie einfach lecker. Mit speziellem Futter – bei Rotkehlchen gern Lebendfutter – kannst du versuchen, die Tiere in deine Nähe zu locken. Zuerst mit einem Schälchen, dass du vorsichtig aufstellst, später dann mit der ausgestreckten Hand. Auch hier ist wieder Geduld gefragt.

Die Versuchung ist groß, ein gefundenes Vogelbaby selbst aufzuziehen und zahm zu machen. Aber: Das sollte ein Notfallmaßnahme bei wirklich verlassenen Jungen bleiben, denn die Aufzucht ist mühsam und die Überlebenschancen sind gering.

Fütter-Rituale

Es gibt Leute, die gehen mit den Krümeln vom Frühstück in den Garten, klopfen sie lautstark vom Teller und gehen dann langsam ein paar Schritte zurück. Das ist für eine Herde Spatzen das Signal, ebenfalls zum Frühstück zu erscheinen. Das kannst du auch versuchen: Mit einem bestimmten Pfiff oder anderen Geräusch darauf aufmerksam machen, dass du Futter bereitgestellt hast. Vielleicht hören deine Gartenvögel auf dich!

Ein echter Cinderella-Moment, der sicher noch lange schöne Erinnerungen zaubert!

LEVEL 3

Buchfink-Ästling

VÖGEL IM sommer

Sommer, Sonne, Sonnenschein – und jede Menge Leben im Garten!

Mit der Sonne kommt aber auch die Hitze. Jetzt kannst du deinen Gartenvögeln mit einer ordentlichen Portion Wellness unter das Gefieder greifen. Denn Erfrischung tut nicht nur dir jetzt gut.

Belohnt wirst du dafür unter anderem mit der ein oder anderen Vogel-Spur! Halte auch Augen und Ohren offen für besondere Beobachtungen, die du vor allem jetzt im Jahr machen kannst. Oder anders: Hast du Babyvögel gesehen?

Alle Vöglein sind schon da, alle Vöglein, alle!

CHECKLISTE FÜR DEN SOMMER	SEITE	GECHECKT
Gemauserte **Federn** gesehen	96	☐
Gartenvögel-**Eierschalen** gefunden	97	☐
Vogeltränke aufgestellt	98	☐
Sandbad angelegt	100	☐
Fensterscheiben gesichert	104	☐
Babyvögel beobachtet am ______		☐
______		☐
______		☐

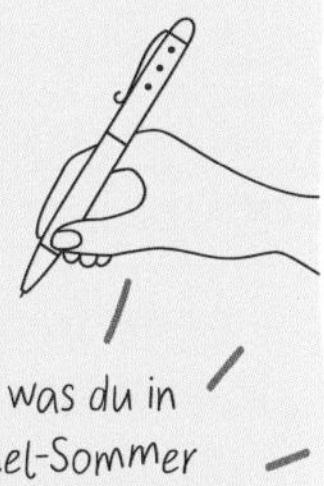

Fülle aus, was du in deinem Vogel-Sommer gemacht hast, und ergänze deine eigenen Punkte.

Sommerfrische im Garten

Jetzt im Sommer ist richtig was los in den Gärten! Es summt und brummt draußen. Damit ist der Tisch reichlich gedeckt für den Vogelnachwuchs.

Fliegen, Raupen, Mücken und Co. sind richtiges Kraftfutter! Das ist gut. Denn Vögel brauchen in der Phase viel Eiweiß, weil sie so schnell wachsen. Blaumeisen benötigen beispielsweise vom Schlupf bis zum Auszug oder Flüggewerden nur drei Wochen Zeit. Die Küken verlassen dann das Nest und machen erste Flatterversuche. Komfortabel, wenn man dabei weiterhin vom „Hotel Mama“ versorgt wird. Allerdings können die Eltern jetzt auch mal kurz durchschnaufen und zusehen, wie ihre Brut selbst auf Nahrungssuche geht. Als „Ästlinge“ sitzen die kleinen Vögel dann gern scheinbar hilflos rum und piepen nach ihren Eltern. Was in so einem Fall zu tun oder nicht zu tun ist, liest du auf Seite 103.

Und für die Eltern ist Erholung angesagt? Von wegen! Viele Vogelarten, wie zum Beispiel Meisen oder Stare, legen nach. Da werden in einem Sommer gleich mehrmals hintereinander Junge großgezogen. Schwerstarbeit!

TIPP

Nur im Schatten!

Damit es dem Vogelnachwuchs im Brutkasten nicht zu heiß wird, unbedingt darauf achten, die Kästen an schattigen Plätzchen aufzuhängen. Mehr dazu auf Seite 86.

Wie erfrischend!

Für dich bedeutet das, dass du nicht nur die Altvögel beobachten kannst, sondern auch jede Menge Jungvögel bei dir im Garten rumturnen. Teilweise sind die noch unauffälliger gefärbt, aber auch ungeschickter. Und auch ihnen kann die Hitze zu schaffen machen. Schwitzen können Vögel nämlich nicht. Um sich abzukühlen, atmen sie beispielsweise schneller. Aber sie baden auch sehr gerne, wenn du Ihnen die Möglichkeit bietest. Mehr dazu auf Seite 98.

Auch eine Möglichkeit: Störche kühlen sich ab, indem sie sich selbst die Beine ankoten. Das darin enthaltene Wasser verdunstet und kühlt. Nicht zur Nachahmung empfohlen.

Vogelbaby-Art	Datum	Ort

Welche Vogelbabys konntest du beobachten? Trage ein!

Gefieder-Spuren

Der Sommer bietet dir auch noch mal ganz neue Möglichkeiten, auf Vogel-Spurensuche zu gehen (mehr dazu auf Seite 96). Damit du dagegen keine Vogel-Abdrücke am Fenster hast, kannst du vorbeugend einiges unternehmen (siehe Seite 104).

Auf Spurensuche: Federn

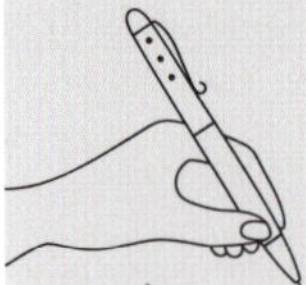

Ordne den Bildern die richtige Nummer zu. Die Auflösung findest du auf S. 141.

Nur eine Tierart kann Federn ausbilden, und das sind Vögel. Über Jahrmillionen haben sich bei ihnen die Federn perfektioniert. Das Tollste, was sie damit machen, ist Fliegen!

Aber nicht nur – Federn halten warm und trocken, helfen beim Flirten oder der Tarnung. Federn bestehen aus demselben Stoff wie deine Haare, nämlich Keratin. Keratin ist leicht, biegsam, stabil, aber zart. Eine Feder kann meterlang sein (Pfau) oder winzig klein (Zaunkönig). Dabei gibt es verschiedene Feder-Typen: Die feinen Daunen halten warm, die Deckfedern geben Form und Farben, die Schwungfedern fangen durch ihre spezielle Form den Wind optimal ein und die eher symmetrisch gebauten Schwanzfedern helfen beim Navigieren in luftigen Höhen.

1

2

3

4

- [ ] Schwungfeder
- [ ] Deckfeder
- [ ] Schwanzfeder
- [ ] Daunenfeder

Federpflege

Auf seine Federn muss sich ein Vogel verlassen können. Daher kümmert er sich gut um sie. Da wird geputzt und gebürstet! Zum Beispiel fahren die Tiere mit dem Schnabel die Federn entlang und sorgen dafür, dass diese sich wieder gut ineinander verhaken. Leider gibt es aber einige Parasiten, die Federn dufte finden. Federlinge oder Milben zum Beispiel. Um hier Abhilfe zu schaffen, nehmen Vögel gerne ein ausgiebiges Sand- oder Wasserbad (mehr dazu auf Seite 98).
Aber auch, wenn Federn gut gepflegt werden, für die Ewigkeit sind sie nicht gemacht. Müssen sie auch nicht. Einmal pro Jahr steht bei Vögeln die Mauser an, meist im Spätsommer. Dabei werden die alten Federn durch neue ersetzt. Das ist eine aufreibende Zeit für Vögel, in der sie nicht nur zerrupft aussehen, sondern auch schlechter fliegen können. Darum verhalten sich die meisten Vögel eher scheu und warten darauf, dass sie wieder präsentabel sind. In dieser Zeit kannst du oft Federn am Boden entdecken und versuchen ihren Besitzer zu erraten.

Federn faszinieren. Leider gibt es Menschen, die mit seltenen Exemplaren viel Geld verdienen – vielleicht sind dafür sogar Vögel getötet worden. Zum Schutz sind Federsammlungen generell nicht erlaubt. Also: Einzelne Federn anschauen ist kein Problem, mit nach Hause nehmen darf man sie nicht.

Eierschalen

Hier und da findest du im frühen Sommer auch Eierschalen oder sogar ganze Eier am Boden. Damit die Schalen die Küken im Nest nicht pieken, werfen die Altvögel sie aus der Kinderstube. Das ist deine Gelegenheit zu bewundern, wie klein und bunt die zarten Gebilde sind. Stare legen zum Beispiel hellblaue Eier, Amseleier sind türkisblau mit dunklen Sprenkeln, Blaumeisen-Eier dagegen weiß mit braun-roten Punkten. Manchmal werden Gelege aber auch ausgeräubert. Das erkennst du, wenn die Eier angepickt aussehen.

Manchmal findest du auch ganze Eier oder gar tote Küken am Boden. Das ist leider normal. Die Altvögel räumen die Nester auf, wenn ein Ei unbefruchtet ist oder ein Küken stirbt. **Mehr dazu auf Seite 102.**

Sommer-Wellness für Vögel

Manche Vögel baden auch in Ameisenhaufen. Die von den Insekten versprühte Ameisensäure hilft gegen lästige Feder-Parasiten.

Katzen darf das ausgelassene Bad keine Chance zum Zugriff liefern. Stelle das Vogelbad deswegen am besten auf freier Fläche auf, gern etwas erhöht.

Auch du weißt im Sommer ein paar Extras zu schätzen. Neben schattigen Plätzchen ist das auch die Möglichkeit, dich abzukühlen.

Viele Vögel lieben eine Wasserstelle! Zum Trinken, aber auch zur Gefiederpflege. Denn nur ein gut in Schuss gehaltenes Federkleid kann beim Flug optimal performen und für die richtige Wärme - und Kühlung sorgen. Dabei tauchen die Vögel nicht ins Wasser ein, sondern benetzen nur das Federkleid. Du kannst gut beobachten, wie sie sich mit den Flügeln selbst anspritzen und dann gezielt schütteln. Wichtig ist dabei, dass sie im Wasser stehen können.

Wasser marsch!

Ein flacher Teich ist das Luxus-Modell einer Vogeltränke. Er lässt sich leider aber nur mit einigem Aufwand realisieren. So viel Anstrengung muss nicht sein! Vögel nehmen auch andere Behältnisse, zum Beispiel eine flache Schale, gern an. Das kann etwa ein großer Blumentopfuntersetzer, eine alte Pfanne oder ein gekauftes Vogelbad sein. Platziere gegebenenfalls ein paar flache Steine im Becken. So können auch kleine Vögel gut einen Schluck nehmen und Insekten sich vor dem Ertrinken retten. Übrigens: So eine Wasserschale lässt sich prima auf den Balkon stellen!

Die perfekte Vogeltränke ...

→ hat eine raue Oberfläche, die Vogelkrallen guten Halt bietet, und flache Ränder oder eine erhöhte Mitte. So können die Vögel problemlos trinken ohne zu baden.
→ ist nicht tiefer als 10 Zentimeter, aber groß genug, um auch Gemeinschaftsbäder zu ermöglichen.
→ wird bei Hitze täglich gereinigt und mit frischem Wasser befüllt, damit Keime keine Chance haben und die lieben Gartenvögel-Freunde auf keinen Fall krank werden!

Zwar wird ein Vogelbad besonders gut angenommen, wenn es heiß ist. Aber auch im restlichen Jahr haben dort Vögel ihren Spaß.

Klebe hier ein Foto deines Vogelbads ein, oder skizziere, wie du es gerne bauen möchtest.

Sand und Körner

Es muss nicht immer Wasser sein. Bei Spatzen ist ein Staub- beziehungsweise Sandbad sehr beliebt: Parasiten, die im Gefieder der Vögel leben, werden so eingedämmt. Nicht zuletzt ist es auch ein großer Spaß und es festigt die sozialen Bande mit Artgenossen, gemeinsam im Sandbad zu flattern.

Staubgrube

Du möchtest etwas von Dauer einrichten? Dann kannst du eine richtige kleine Sandgrube anlegen. Die muss noch nicht mal besonders tief sein. Zehn Zentimeter reichen meist. Das Loch füllst du dann mit feinem Sand auf. Jetzt musst du nur darauf achten, dass sich kein Unkraut breit macht – sonst können die Vögel sich nicht mehr einstauben. Perfekt fürs Sandbad eignen sich übrigens ausgediente Kinder-Sandkästen. Aber Achtung: Katzen lieben solche Sandkästen auch als Klo.

Früher gab es an jeder Ecke Pfützen oder Erdstellen, die Vögel zum Baden nutzen konnten. Inzwischen müssen wir ihnen möglichst viele Gelegenheiten bewusst bieten.

Futterstellen

Ob man im Sommer Vögeln Futter anbieten möchte oder nicht, ist jedem selbst überlassen (mehr dazu auf Seite 126). Wer es aber tut, sollte es richtig machen. Im Sommer, sprich von April bis Juli, ist es besser, kein Fettfutter oder Nussbruch anzubieten. Ziemlich gut (aber auch teuer) sind lebende Insekten. Gern suchen die Vögel selbst feine Sämereien, etwa von Sauerampfer, Klee, Vogelmiere oder Scharfgarbe.

Das perfekte Sandbad …

→ geht ganz einfach, indem du feinen Sand in eine flache Schale füllst, die du frei zugänglich aufstellst. Am liebsten an einem sonnigen Plätzchen und wo du sie gut im Blick hast.

→ hat in der Schale unten Löcher, damit Regenwasser abfließen kann. Wenn nicht, musst du den Sand nach einem Schauer am besten erneuern. Oder aber, noch besser, die Schale an einer überdachten Stelle aufstellen.

→ ist kein Katzenklo! Wenn viele Katzen bei dir in der Umgebung wohnen, stell das Sandbad lieber erhöht auf.

Vögeln ist es eigentlich egal, woher der Sand kommt. Vogelsand aus dem Fachhandel oder Quarzsand aus dem Baumarkt lässt sich besonders leicht sauber halten.

Vor allem Spatzen sind große Sandbad-Fans! Egal ob alleine oder in der Gruppe.

Uiii — ein Babyvogel!

Jetzt hast du viele Jungvögel im Garten, die du beobachten kannst. Gut zu erkennen ist der Nachwuchs an den Babydaunen, die zwischen den Deckfedern herausragen. Auch die hellen Wülste am Schnabelansatz haben nur die Minis. Weit aufgerissen signalisiert das Mama, wo der Leckerbissen rein soll.

Hilfe, ein Babyvogel?

Nicht jeder Babyvogel braucht Hilfe. Zum einen gibt es Ästlinge: Sie können schon Flattern und Futter suchen, lassen sich aber gern noch von den Eltern versorgen. Darum warten sie oft am Boden und machen lautstark auf sich aufmerksam. Das ist kritisch: Denn es lockt auch Fressfeinde an. Menschliche Hilfe brauchen Ästlinge trotzdem so gut wie nie!
Anders ist das bei Nestlingen. Die sollten eigentlich noch im Nest hocken. Manchmal stolpert einer aber und purzelt raus. Nestlinge sind noch nicht richtig befiedert und können keine Nahrung suchen. Sie brauchen deine Hilfe. Das bedeutet: möglichst wieder ins Nest setzen oder in fachkundige Hände geben. Frag am besten einen Tierarzt, die wissen jemanden.

Buchfink-Ästling

Tote Küken

Manchmal findet man im Garten tote Babyvögel. Sterben Küken, werden sie von den Eltern entsorgt. Vielleicht ist das Küken verhungert, oder es war zu kalt und feucht. Das ist traurig, aber der Lauf der Natur.

DER BABYVOGEL-CHECK

Braucht der Jungvogel deine Hilfe? Hier findest du zur Antwort!

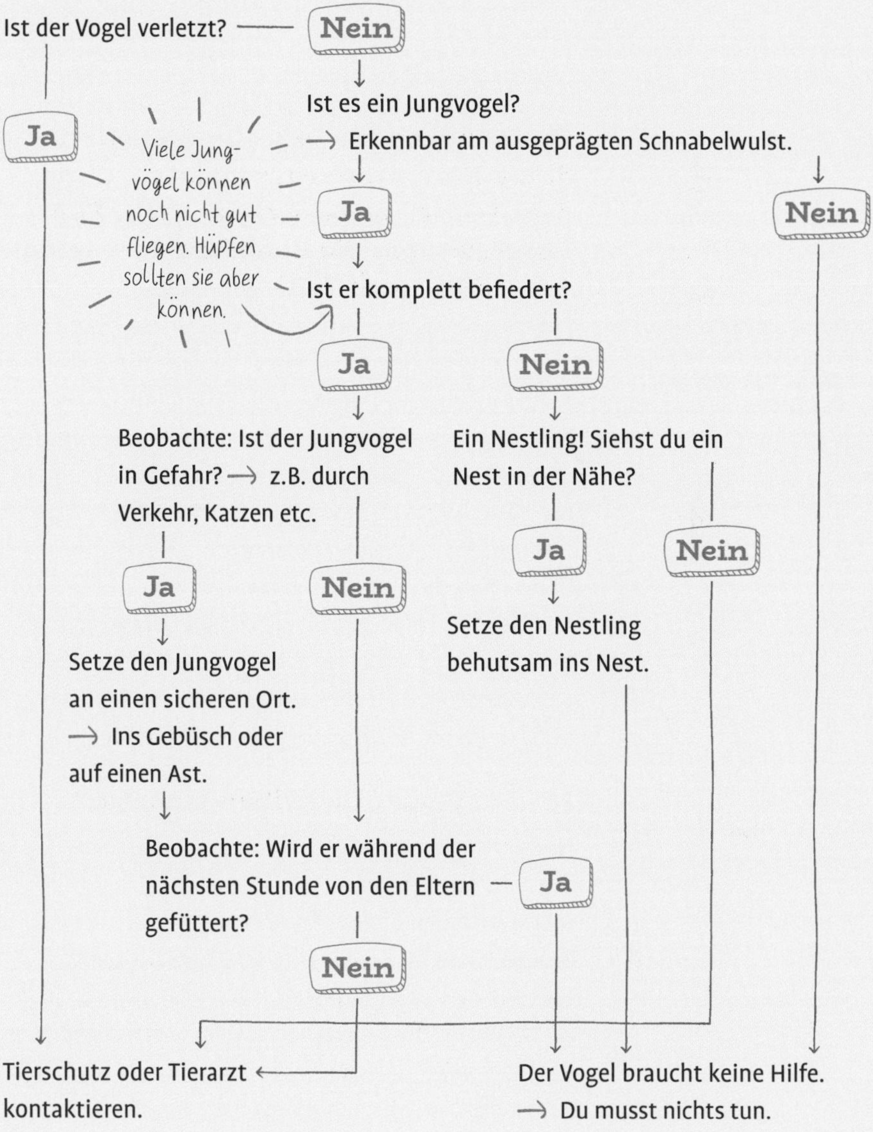

Tatort Fensterscheibe

TIPP

Die typischen schwarzen Greifvogel-Silhoutten halten Vögel nicht davon ab, gegen die Scheibe zu knallen. Besser sind Aufkleber mit farbigen Mustern – vor allem in Orange. Das ist für die Tiere besonders gut sichtbar.

Fenster sind für uns eine tolle Erfindung: Man kann rausschauen, ohne dem Wetter ausgesetzt zu sein. Für Vögel können die Scheiben aber leider zur (tödlichen) Falle werden.

Sie nehmen Fensterscheiben nicht als Hindernisse wahr. Im Gegenteil, wenn sich Pflanzen und Bäume darin spiegeln, denken die Vögel mitunter, sie könnten dorthin fliegen. Dann rumsen sie mit voller Wucht gegen die Scheibe. Im besten Fall resultiert das in leichtem Kopfweh und Benommenheit, im schlimmsten Fall brechen sie sich das Genick. Laut NABU verunglücken so jährlich allein in Deutschland unfassbare 100 Millionen Vögel an „Vogelschlag". Ganz schön unnötig, denn Gegenmaßnahmen sind einfach: Die Scheiben müssen für die Vögel sichtbar gemacht werden.

Manchmal kannst du an Scheiben regelrecht einen „Abklatsch" des Vogels entdecken. Das Gefieder hinterlässt diesen Abdruck.

Mache Fensterscheiben sichtbar!

Hast du bei dir Fenster, die besonders von „Vogelschlag" betroffen sind? Dann kannst du hier gut mit ein paar einfachen Maßnahmen ansetzen. Zum Beispiel, indem du die Fensterscheiben nicht putzt! Nicht deine Lieblingslösung? Einfachen und schnellen Schutz bieten auch Gardinen. Zweite Möglichkeit wäre ein Fliegengitter. Netter Nebeneffekt: Du kannst lüften, ohne Angst vor Mückenbesuch haben zu müssen.

Oder du greifst zu Kreidestift und Fensterfarbe und verschönerst die Fläche mit kreativen Mustern selbst. Das macht nicht nur Kindern Spaß!
Aber auch der Handel bietet einige Lösungen: Schnüre, halbtransparente Aufkleber, Milchglas-Klebestreifen oder Punkte zum Beispiel. Die sind allerdings nur effektiv, wenn sie auch flächig aufgebracht werden. Das bedeutet, der Abstand zwischen den Elementen sollte nicht größer als eine Handfläche sein. Grundsätzlich müssen solche Markierungen auf der Außenseite der Fenster angebracht werden, damit sie Wirkung zeigen.

TIPP

Kein Tipp, den man gerne gibt, aber solltest du einen toten Vogel vor deinem Fenster finden, dann greif ihn mit Schutzhandschuhen oder einer umgestülpten Plastiktüte. Du kannst ihn entsorgen oder auch irgendwo begraben.

Mit bunten Mustern am Fenster machst du die Fensterscheiben für die Vögel sichtbar – und verhinderst so hoffentlich Vogelschlag.

Wie willst du deine Fenster vogelsicher machen? Hier ist Platz für deine Ideen:

____

____

____

____

____

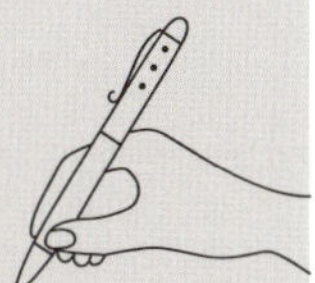

Schreibe auf!

NA? HÄTTEST DU ES GEWUSST?!

vogelfakten
ZUM ANGEBEN

Vögel sind nicht nur schön zum Anschauen, sie sind auch ein prima Gesprächsthema. Egal ob auf einer Party oder beim Kindergeburtstag. Hier ein paar Beispiele:

Mein kurioser Vogel-Fakt:

Hauch von Exotik

Wild lebende Papageien gibt es auch in Deutschland. In Parks in Köln, Heidelberg, Stuttgart, Bonn oder Düsseldorf haben sie sich in den großen Bäumen angesiedelt und Kolonien gegründet. Dort kannst du lautstark lärmende Halsbandsittiche und in Stuttgart auch Gelbstirnamazonen beobachten.

Liebeshungrige Nachtigall

Wenn eine Nachtigall nachts singt, handelt es sich meist um einen Junggesellen, der ein Mädchen betören möchte. Nachts stört kein anderer Vogelgesang und so kann der Suchende auf eine bessere Bühne hoffen – mit bis zu 260 Strophen im Gepäck. Rekord im Vogelreich!

Schwalben als Wetterfrosch

„Fliegen die Schwalben in die Höh'n, kommt ein Wetter, das ist schön! Wenn Schwalben niedrig fliegen, wird man Regenwetter kriegen." Diese alte Bauernregel hat ihre Berechtigung! Denn die Insekten fliegen bei Hochdruckwetter eher in höheren Luftschichten, bei feuchter und kälterer Witterung weiter unten – und mit ihnen die Schwalben.

Harlekin-Amseln

Manchmal tragen Amseln im schwarzen Kleid weiße Federn. Der Fachbegriff dafür lautet Leuzismus. Das Weiß kommt durch einen Gendefekt für die Federfarbe mit darunterliegender weißer Haut zustande. Diese Laune der Natur kann auch weitervererbt werden und sorgt außerdem dafür, dass du manche Amseln gut wiedererkennen kannst.

Vogelkot

„Pflatsch" – wenn Vögel aufs Klo gehen, erledigen sie das kleine und das große Geschäft auf einmal. Tatsächlich ist der weiße Anteil des Vogelkots eigentlich der Urin. Allerdings stark konzentriert, weil Vögel wenig trinken. Beides kommt aus der gleichen Körperöffnung, der Kloake.

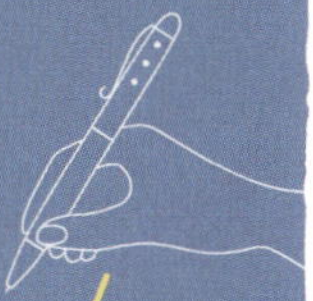

Hake ab, mit welchen Fakten du andere verblüffen konntest!

„Der Grund, warum Vögel fliegen können und wir nicht, ist der, dass sie voller Zuversicht sind, und wer zuversichtlich ist, dem wachsen Flügel.“

Sir James Matthew Barrie

LEVEL 3

VÖGEL IM herbst

Es wird bunt draußen - und auch wieder lauter, denn einige Vogelarten singen jetzt zur Herbstbalz. Die Pflanzen und Tiere stimmen sich auf die kalte Jahreszeit ein. Das heißt für dich, dich von manchen Vögeln für den Winter zu verabschieden. Gleichzeitig finden sich aber neue Gäste in den Gärten ein, die du das restliche Jahr nicht zu sehen bekommst.

Nun ist der richtige Zeitpunkt, deinen Garten für den Winter vorzubereiten und bereits jetzt den Grundstein für viele gefiederte Gäste im neuen Frühjahr zu legen!

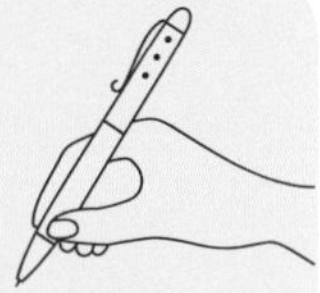

Fülle aus, was du für deine Vögel im Garten getan hast und ergänze.

CHECKLISTE FÜR DEN HERBST	SEITE	GECHECKT
Zugvögel beim Sammeln beobachtet, am ____________		☐
Vogelzug am Himmel zugesehen, am ____________		☐
Unordnung im **Garten** zugelassen	114	☐
Stauden nicht abgeschnitten		☐
Laub von Hand weggerecht (nicht weggesaugt)		☐
Reisighaufen zur Überwinterung des potenziellen Vogelfutters angelegt		☐
Nistkästen gereinigt	116	☐
Mein **Wissen** über Zugvogel getestet	118	☐
______________________________		☐
______________________________		☐

Hallo Herbst — Ade liebe Zugvögel

Da ziehen sie hin, unsere Sommergäste. Denn während unser Sommer mehr Tageslicht – und damit potenzielle Nahrung – zu bieten hat, wird es jetzt im Herbst und Winter bei uns zu kalt für Insekten und Co.

Mehr besondere Wintergäste findest du auf Seite 138.

Bei Buchfinken ziehen nur die Mädels in den Süden, die Herren bleiben bei uns – und schließen sich zu kleinen Gruppen zusammen.

Die Vogelnahrungsquellen versiegen also zum Teil oder dünnen sich stark aus. Besonders die abnehmende Tageslänge bringt manche Vogelarten dazu, jetzt Vorkehrungen zu treffen. Dann heißt es: Die Fettpolster mit Reserven vollpacken und ab in andere (wärmere) Gefilde. Während einige am liebsten allein reisen, tun sich andere zu großen Gruppen zusammen. Stare etwa sausen jetzt gern noch im Pulk durch die Gärten und fressen sich Reisespeck an. Auch Schwalben sieht man versammelt, gern auf Stromleitungen, sitzen. Und von einem Tag auf den anderen sind sie dann weg.
Wer im Herbst den Himmel beobachtet, kann auch Formationsflüge sehen. Gerade Gänse, aber auch Störche oder Kraniche, fliegen gern in V-Form. Dabei übernimmt ein Vogel die Spitze. Die anderen können dadurch, ein Stück nach hinten versetzt, in seinem Windschatten fliegen. Das ist weniger anstrengend. Freundlicherweise wechseln sich die Vögel ab.

Standvögel – treue Seelen

Nicht alle Vögel verabschieden sich für den Winter. Es gibt ein paar, die bleiben auch in harten Zeiten bei uns. Diese sogenannten Standvögel sind oft dankbare

Abnehmer am Futterhaus. Dazu kommen noch Vögel wie Erlenzeisig oder Goldammern, die sich im Sommer gar nicht in deinem Garten aufhalten, im Winter aber schon mal auf eine Stippvisite vorbeischauen können.

Der Herbst ist auch deine Gelegenheit, seltene Vögel auf dem Durchzug zu sehen. Wiedehopf, Kiebitz oder Bienenfresser etwa.

Tapetenwechsel im kleinen Stil

Übrigens wirst du auch Zugvögel im Winter in deinem Garten begrüßen dürfen! Das liegt an mehreren Faktoren. Zum einen sorgt der Klimawandel dafür, dass sich manche gar nicht mehr auf die Reise machen. Dann gibt es auch noch Vogelarten, die rücken nur ein kleines Stück auf der Landkarte vor. Das Rotkehlchen zum Beispiel oder die Blaumeise. Und du merkst das gar nicht, weil der Wintergast genauso aussieht wie dein Sommergast – aber er ist es nicht.
Manchmal ziehen auch Gäste aus dem Norden zu uns, die du sonst gar nicht zu Gesicht bekommst. Bergfinken zum Beispiel oder in kalten Wintern sogar Seidenschwänze.

Mein Zugvogel-Tagebuch

Montag	
Dienstag	
Mittwoch	
Donnerstag	
Freitag	
Samstag	
Sonntag	

Kleine Challenge unter Freunden: Wer hat die meisten Zugvögel gesehen? Sprecht euch ab und tragt eine Woche lang ein, wen ihr habt ziehen sehen.

Auf Spurensuche

Der Morgennebel und die morgendliche Kühle kündigen nicht nur dir den Herbst an. Viele Tiere – darunter auch Vögel – entwickeln jetzt eine emsige Geschäftigkeit. Ganz ähnlich wie Eichhörnchen gibt es dabei auch Piepmätze, die überzeugt von Vorratshaltung sind. Gerade Kleiber, aber auch Krähenvögel kannst du jetzt dabei beobachten, wie sie Futter verstecken. Kleiber holen sich gern Sämereien vom Futterhaus und platzieren sie in Ritzen und Nischen.

Rotkehlchen kannst du auch im Herbst lautstark singen hören. Sie stecken die Reviergrenzen für den Winter ab. Vielleicht üben sie aber zusätzlich ihre Gesangsfertigkeiten.

Nussschalen im Straßenverkehr

Auch Krähen sind gut im Verstecken und dabei, andere für sich arbeiten zu lassen. Vielleicht sind dir hier und da geknackte Walnüsse auf oder an der Straße aufgefallen, obwohl weit und breit kein Nussbaum zu sehen ist. Tatsächlich lassen Krähen aus großer Höhe die reifen Walnüsse auf den Asphalt fallen. Wenn sie dort nicht gleich aufplatzen, fährt ein Auto drüber und legt das schmackhafte Innere frei. Jetzt muss die Krähe die Nuss nur noch rauspicken.

Pickspuren

Im Herbst hängen viele Obstbäume voll mit Köstlichkeiten. Gerade Äpfel werden auch gern von Vögeln angepickt. Gut zu erkennen ist der Vogelfraß durch Löcher in der Frucht, die der Schnabel hinterlassen hat. Wenn du Obstbäume im Garten hast, ernte sie nicht ganz ab. So bietest du deinen Gartenfreunden auch im Winter noch einen kleinen Frucht-Snack.

Schneckenschmiede

Singdrosseln lieben Gehäuseeschnecken. Wenn die nicht nur so hart zu knacken wären! Um an die Leckerei im Inneren zu kommen, suchen sich die Vögel harte Steine, gegen die sie die Schnecke hämmern. Dabei haben sie Lieblingssteine. Gut zu erkennen ist so eine „Drosselschmiede" an zahlreichen, kaputten Schneckenhäusern, die sie umringen.

Bloßgelegte Nester

Mitunter kann die Blätterflut am Gartenboden eine Herausforderung sein. Da hilft der Gedanke, dass ein schöner Laubhaufen am Gartenrand eine Eins-a-Winter-Wohnung für Insekten ist und auch Igel sich dort wohlfühlen.
Es gibt in den leergefegten Bäumen und Hecken jetzt einiges zu sehen! Von Eichhörnchen-Kobeln bis hin zu filigranen Singvogelnestern. Lass die Nester am besten, wo sie sind. Manche Vögel nutzen ihr Bauwerk mehrere Jahre hintereinander.

Das verbaute Nistmaterial gibt dir Hinweise auf den Bauherrn eines Nestes. Amseln verwenden etwa auch Erde.

Herbstliche To-dos

Auch jetzt kannst du einiges tun, um das Leben deiner Gartenvögel-Freunde angenehmer zu gestalten – und vor allem auch den Grundstock für reges Treiben im nächsten Jahr zu legen.

Neben der Fütterung kannst du noch für andere Annehmlichkeiten für deine Wintergäste sorgen, zum Beispiel Unordnung. Klar juckt es vielfach in den Fingern, die verblühten Stauden einzukürzen, das Laub ordentlich zu entfernen. Aber genau diese Unordnung schafft Lebens- und auch Schutzräume für Insekten im Winter. Und bietet hier und da sogar noch einen Happen zu Fressen. Nimm dir das Staudenschneiden also fürs Frühjahr vor und reche das Laub einfach unter die Büsche und Hecken. Da können die Blätter kompostieren und Verstecke für Insekten und Igel bieten.

Futter sammeln

Buchfinken lieben Bucheckern, Eichelhäher schätzen Eicheln, der Erlenzeisig frisst gern Erlensamen und der Birkenzeisig knuspert gern Birkensamen. Das alles gibt es im Herbst in Hülle und Fülle. Vielleicht hast du ja Lust auf einen Waldspaziergang, bei dem du Bucheckern oder Eicheln sammelst? Auch Haselnüsse oder Walnüsse kannst du gut bei dir daheim lagern und im Winter immer wieder als Futter anbieten.

Es gibt keine festen Regeln, wie viel Futter du Vögeln geben solltest. Achte nur darauf, dass du nicht mehr verteilst, als innerhalb von einem Tag auch gegessen werden kann.

BONUS-AUFGABEN FÜR VOGELFREUNDE

Du kannst auch gern Rosen-Schnittgut in die Hecke einarbeiten – das schützt mögliche Bewohner vor Räubern.

① Schnipp-Schnapp

Du bist voller Tatendrang? Dann ist jetzt die Zeit, deine Gehölze und Hecken zu schneiden. Denn laut Bundesnaturschutzgesetz ist dies nur in den Monaten September bis März erlaubt. Im restlichen Jahr gilt die Schutzzeit für Vögel.

② Anhäufen

Leg einen Reisighaufen an! Er bietet Lebensraum und vor allem Überwinterungsmöglichkeiten für alle möglichen Gartenfreunde.

③ Benjeshecke

Für eine Benjeshecke werden zwischen im Boden befestigten Pflöcken Äste aufgeschichtet. Das bietet tolle Verstecke und Nistmöglichkeiten, und auch einen praktischen Sichtschutz zu Nachbarn oder Komposthaufen.

Wohnungsputz im Nistkasten

Der Herbst hält noch ein besonderes Highlight für dich bereit: Die Nistkasten-Kontrolle! Jetzt sieht du, welche Kästen wirklich Kinderstube für Vogelküken geworden sind oder wo niemand eingezogen ist.

Ist ein Wespennest im Kasten zu finden? Keine Panik! Die sind um die Jahreszeit bereits verlassen und können einfach entfernt werden.

Und wenn du schon mal dabei bist, kannst du die Kästen gleich saubermachen. Denn leider wohnen in den Vogelnestern nicht nur Vögel, sondern auch Vogelflöhe, Lausfliegen, Milben und Zecken. Wenn du die Nistkästen reinigst, sorgst du dafür, dass die Vögel bei dir gesund bleiben. Dazu kommt, dass alte Nester in Vogelkästen nicht wieder genutzt werden. Es wird einfach ein neues obenauf gebaut. Da kann es in so einem Kasten schnell eng werden.

Nistkästen werden von manchen Vögeln auch im Winter als Schlafplatz genutzt.

Handschuhe – nicht nur gegen Kälte

Ist die Temperatur nahe am Gefrierpunkt? Dann ist jetzt die Zeit gekommen, die Leiter auszupacken und auf Check-Tour zu gehen. Mit dabei: Eimer, Handbesen und ein paar Handschuhe. Zuerst wird vorsichtig an den Kasten geklopft – nur für den Fall, dass sich ein Siebenschläfer oder Mäuse darin niedergelassen haben. So gibst du ihnen die Chance, noch schnell aus dem Loch zu schlüpfen. Rührt sich nichts? Dann öffne den Kasten vorsichtig und entferne das alte Nistmaterial. Es reicht, wenn du anschließend kurz mit dem Handbesen den Rest rausbürstest. Insektizide brauchst du nicht, die schaden im Zweifel den Vögeln.

Sollte es wirklich mal vor Parasiten nur so wimmeln, kannst du das Häuschen auch mit heißem Wasser reinigen. Das ausgeräumte Nistmaterial verpackst du am besten in eine Plastiktüte und wirfst sie in den Hausmüll. Und: Gerade jetzt wirst du froh sein, Handschuhe anzuhaben!

Manchmal ziehen auch Mäuse in Nistkästen ein. Gut zu erkennen ist dies, weil die Kästen dann mit Nüssen und Eicheln vollgestopft sind.

Wer wohnte denn hier?

Welches Material beim Nestbau verwendet wurde, gibt dir einen Hinweis darauf, wer hier wohl dein Angebot genutzt hat. Ist vor allem Moos im Nest? Dann hattest du wohl Meisen-Besuch. Findest du trockene Blätter und Rindenstücke und der Eingang ist mit Lehm enger geklebt? Dann war ein Kleiber dein Untermieter. Auch Fäden und Tierhaare werden in die Nester mit eingewebt. Gelegentlich kann es sein, dass du auch einen toten Vogel im Nest findest. Das ist zwar traurig, aber ganz normal. Entsorge ihn, zusammen mit den alten Nestern, einfach auf dem Komposthaufen.

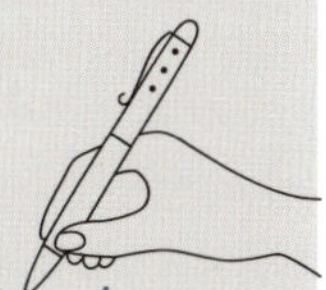

Notiere, welche Nester du im Herbst gefunden hast.

Fundort	Nistmaterial	Zustand	Möglicher Bauherr

QUIZ – TESTE DEIN WISSEN!

WIE GUT KENNST DU DICH MIT DEM verhalten von zugvögeln AUS?

1. Wie viele Zugvogelarten gibt es in Deutschland?

A circa 30

B circa 50

C circa 120

2. Welcher Vogel hält den Langstreckenrekord beim Vogelzug, weil er vom nördlichen bis zum südlichen Polarkreis zieht (mit jährlich einem Plus von 90 000 km auf dem Tacho)?

A Küstenseeschwalbe

B Bienenfresser

C Mauersegler

3. Welcher Vogel ist einer der ersten, die, schon Anfang August, die Biege machen?

A Störche

B Mauersegler

C Kraniche

4. Wer ist mit nur rund sechs Gramm das Fliegengewicht unter den Zugvögeln?

A Zaunkönig

B Zilpzalp

C Sommergoldhähnchen

5. Wer sammelt sich normalerweise im großen Schwarm für den Abflug?

A Stare

B Kiebitze

C Graugänse

6. Woran orientieren sich Zugvögel auf ihrem Weg nicht?

A Geografische Landmarken

B Magnetfeld der Erde

C Wind

D Mond und Sternenhimmel

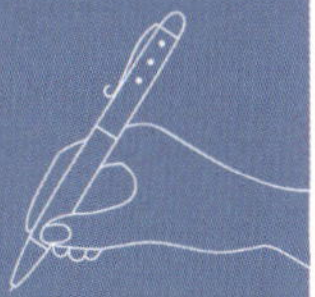

7. Welcher Vogel ist dir auch im Winter treu?

A Mönchsgrasmücke

B Buntspecht

C Nachtigall

Kreuze die richtige Antwort an. Die Auflösung findest du auf Seite 141.

LEVEL 3

VÖGEL IM winter

Der Winter ist da! Braun und kahl präsentieren sich nun die meisten Bäume und Sträucher. Was erst mal ein bisschen trostlos aussieht, hat zur Folge, dass du ganz anders auf Spurensuche gehen kannst. Jetzt lassen sich Vögel besser entdecken.

Neben den huschenden Farbflecken im Gehölz bieten vor allem Futterplätze die Möglichkeit, deine Vogelfreunde zu beobachten (mehr dazu auf Seite 126). Ganz sicher ist da die ein oder andere Meise dabei!

Ja, ich habe eine Meise und ich liebe sie sehr.

Blaumeise

CHECKLISTE FÜR DEN WINTER	SEITE	GECHECKT
Vogelspuren verfolgt	122	☐
Vogelfutterplatz bestückt	128	☐
Vogelfutterplatz sauber gemacht	130	☐
Vogelfutter selbst gemacht	134	☐
An der „Stunde der Wintervögel“ teilgenommen	130	☐
Den Chef am Futterhaus ausgemacht, nämlich ________		☐
Stilles Silvester gefeiert – ohne Böller und Raketen –, um die Tiere zu schonen.		☐
________		
________		
________		

Kreuze an, wenn du das Thema gelesen hast und ergänze deine eigenen Punkte für den Winter.

Auf Spurensuche

Man hat es ja ein bisschen geahnt, auch bei Vögeln gibt es „frühe“ und „späte“ Vögel. Gut kannst du das am Futterhaus beobachten. Neben einzelnen (frühen) Futtergästen stehen manche erst recht spät vor der Tür.

Viele Vögel schließen sich im Winter zu Gruppen zusammen. Beeindruckend ist das bei Saatkrähen, aber auch Grünfinken oder Bergfinken.

Achte mal darauf, zu welcher Stunde bei dir die hungrige Meute einfällt. Dabei wirst du feststellen, dass es Uhrzeiten gibt, wo sich scheinbar die ganze Vogelnachbarschaft auf deine Gaben stürzt. Denn im Winter sind die Reviergrenzen, die im Frühjahr und Sommer heiß umkämpft waren, aufgehoben. Die Vögel ziehen auch mal in Trupps herum.

Heimliche Esser

Du hast das Gefühl, dein Futterhaus wird gar nicht frequentiert? Dann achte mal auf den Boden rund herum. Liegen da geknackte Schalen? Manchmal snacken die Vögel vor Ort und hinterlassen dabei (Schalen-)Spuren. Auch Kotspuren können dir jetzt wertvolle Hinweise auf Vogelbesucher geben. Sie sind auch der Grund, warum Hygiene am Futterhaus so wichtig ist. Ist beides vorhanden? Dann hast du vielleicht einfach noch nicht zur rechten Zeit aus dem Fenster geschaut. Wenn keine Spuren da sind, solltest du über einen Futter- oder Standortwechsel nachdenken.

Persönlichkeiten am Futterhaus

Ein besonderes Highlight ist es, wenn ein Kernbeißer erscheint. Diese Finkenart mit dem dicken Schnabel ist nicht nur erstaunlich groß. Kernbeißer sind auch ganz klar der Boss am Futterhaus. Andere Vögel machen dann lieber einen kleinen Bogen. Ist das Futterhaus von jetzt auf gleich leer, war wahrscheinlich eine Amsel zu Besuch. Die schmeißen gern ordentlich Kerne in der Gegend herum, bevor sie wirklich zugreifen. Das deckt ganz nebenbei anderen Vögeln unten am Boden den Tisch.

Der häufigste Besucher am Futterhaus ist die Kohlmeise.

Schnee-Engel

Besonders heimelig wird es, wenn Schnee fällt. Die Natur hat dann nicht nur eine wärmende Decke an. Im frischen Weiß kannst du auch zusätzliche Spuren entdecken! Rund um den Futterplatz, aber auch an anderen Stellen im Garten, siehst du jetzt Fußabdrücke. Beim Winterspaziergang fallen dir vielleicht auch Abdrücke von Flügeln im Schnee auf. Meist handelt es sich dabei um die Spuren eines Greifvogels, der eine Maus geschlagen hat.

Führe ein Beobachtungstagebuch am Futterhaus. Die Vorlage findest du auf Seite 35.

Jetzt wird es kuschelig!

Kohl- und auch Blaumeisen können über Nacht 5 Prozent ihres Körpergewichts verlieren, um die Körperheizung anzutreiben. Kein Wunder, dass sie morgens sehr hungrig aufwachen!

Rotkehlchen und ihre Artgenossen sehen im Winter schön plüschig aus. Der Grund: Vögel bilden wärmende Luftpolster unter ihrem Federkleid. Mit deiner Daunenjacke nutzt du das gleiche Prinzip. Es gibt aber noch mehr Tricks: etwa ein raffiniertes Wärmetauschsystem, das sicherstellt, dass auch über die Füße kaum Wärme verloren geht. Auch Sonnenstrahlentanken oder Gruppenkuscheln stehen auf dem Plan.

Treibstoff für Wärme

Vögel müssen eine Körpertemperatur von 38 bis 42 °C halten. Ganz schön hoch – als Brennstoff lieben sie deswegen jetzt fettreiche Körner und Samen. Im naturnahen Garten findet sich da einiges an Sämereien. Gemeinerweise haben die Vögel im Winter aber weniger Tageslicht zur Verfügung, um auf Nahrungssuche zu gehen. Die nimmt mitunter sehr viel Zeit in Anspruch. So verbringen Blaumeisen beispielsweise 90 Prozent ihrer Wachzeit im Winter damit.

Ich-mach's-mir-kuschlig-wie-die-Vögel-Bucketliste

Nur nass, kalt und dunkel? Von wegen! Mit der richtigen Einstellung macht jede Jahreszeit Spaß!

- [ ] Ziehe besonders kuschelige Socken an.
- [ ] Genieß die Sonne draußen mit dicker Winterjacke.
- [ ] Gönne dir viel Brennstoff in Form von Naschkram.
- [ ] Nimm jemand Netten länger in den Arm.
- [ ] Geh einfach mal früher ins Bett.
- [ ] Male mit Kreidestiften Vögel und Eiszapfen an deine Fenster.
- [ ] Mach dir einen sahnigen, heißen Kakao.
- [ ] Bau dir eine Kissen- und Deckenburg auf dem Sofa.
- [ ] Erhelle dein Zimmer mit Kerzen und lausche einem (sommerlichen) Hörbuch.
- [ ] ______________________
- [ ] ______________________
- [ ] ______________________

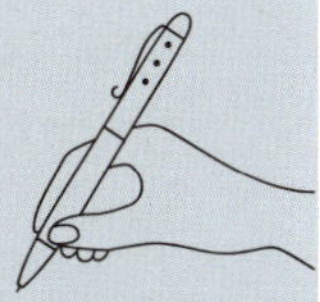

Was hast du dir den Winter vorgenommen? Hake ab, was du geschafft hast, und ergänze, wie du es dir noch gemütlich machst.

Gimpel

Füttern oder nicht füttern?

Wie ist das denn jetzt: Soll man Vögel im Garten füttern oder nicht? Hilft man hungrigen Vögeln durch harte Zeiten, oder ist das falsch verstandene Tierliebe?

Vögel kennen ihre Futterquellen ganz genau, sind aber entgegen landläufiger Meinung nicht abhängig von Fütterungen.

Es gibt wenige wissenschaftliche Studien zu dem Thema. Experten gehen zwar davon aus, dass durch die Fütterung die Überlebensrate einzelner Individuen im Winter steigt. Ob das aber auch zu einem besseren Bruterfolg im Sommer und damit mehr Vögeln führt, weiß man nicht. Auf jeden Fall profitieren vor allem die Vögel, die schon häufig in deinem Garten anzutreffen sind. Das sind 10 bis 15 Arten. Kaum eine davon ist gefährdet. Ganz generell kann man sagen: Vogelfütterungen retten nicht die Welt und sind kein Naturschutz. Aber, richtig gemacht, schadet eine Fütterung auch nicht! Und vor allem: Vögeln beim Futtern zusehen, macht einfach Spaß! Du musst also Vögel nicht füttern – aber du darfst.

Füttern – aber richtig

Du hast dich fürs Füttern entschieden? Dann musst du jetzt noch überlegen:

Möchte ich das ganze Jahr über füttern?

Tatsächlich ist nicht nur im Winter Saure-Gurken-Zeit für Vögel. Auch im Vorfrühling oder während der nahrungsintensiven Aufzucht der Jungvögel können Vögel eine Extraportion Futter brauchen. Wer das ganze Jahr über Leckerbissen anbieten möchte, sollte das Futter der Jahreszeit anpassen. Damit die Altvögel ihre Küken nicht versehentlich mit falscher Futtergröße ersticken, gilt die Regel: Von April bis Juli kein Fettfutter und keine großen Nuss- oder Samenstückchen (auch keine Sonnenblumenkerne) anbieten. Besser sind lebende oder wiederaufgetaute Insekten und kleine Samen, die im Garten zu finden sind, zum Beispiel von Brennnessel, Sauerampfer oder Vogelmiere. Achtung: In der warmen Jahreshälfte können potenziell auch mehr Krankheiten übertragen werden. Hygiene am Futterplatz ist folglich noch wichtiger.

Manchmal entdeckt man im Sommer, dass der ein oder andere Sonnenblumenkern dank der Vögel Wurzeln geschlagen hat.

Möchte ich nur im Winter füttern?

Das ist der Klassiker! Und so mancher Vogelkundler hat Vögel bei der winterlichen Beobachtung am Futterhaus lieben gelernt. Im Winter solltest du vor allem auf energiereiches Körnerfutter und Sämereien setzen. Mehr dazu erfährst du auf Seite 132. Im Laufe des Winters wird das Angebot an natürlichem Futter immer geringer, entsprechend dankbar nehmen Vogel eine zusätzliche Fütterung an.

Eine echte Gefahr am Futterhaus sind Krankheitserreger! Wie du deinen Vögeln helfen kannst, gesund zu bleiben, liest du auf Seite 130.

Der beste Platz zum Füttern

Massivholzhaus, Design-Wunder oder filigrane Gebäude – Futterhäuser gibt es in allen Varianten.

Gerade die offenen Futterhäuser sehen dabei schön aus. Sie haben aber einen großen Nachteil: die Hygiene. Denn, wenn die Vögel möglicherweise auch dorthin koten, wo das Futter liegt, stecken sie sich leichter mit Krankheiten an. Was nun? Du kannst auf viele hübsche Futtersilos oder Futterhaus-Varianten mit nachrutschendem Futter zurückgreifen. Da wird das Fressen weniger verunreinigt und nicht so schnell feucht. Übrigens: Es braucht nicht unbedingt einen Garten – es gibt auch Futterhaus-Varianten, die lassen sich mit einer Schraubzwinge gut am Fensterbrett befestigen.

Für Menschen ohne Garten gibt es ganz eigene Futterhaus-Systeme, die sich an der Glasscheibe eines Fensters befestigen lassen. Hier ist die Fensterscheibe kein gefährliches Hindernis, da die Vögel schon beim Landeanflug abbremsen.

Erwünscht: vom Boden essen

Neben den Akrobaten, die immer und überall ihr Futter naschen können, gibt es auch Vögel, die einen Landeplatz brauchen. Amseln nutzen offene (Rasen-)Flächen. Rotkehlchen stöbern gern durch Laubhaufen. Möchtest du ihnen gerecht werden, kannst du an einem gut zugänglichen Platz am Boden eine Futterstelle einrichten. Diese gehört allerdings regelmäßig umgesetzt, damit Schalen und Kot sich nicht anhäufen. Auch ein Futtertisch (mit oder ohne Dach), auf dem auf offener Fläche Leckereien angeboten werden, wird von manchen Vögeln gerne genutzt.

TIPP

Auch im Winter solltest du deine Gartenvögel mit einer Trinkstelle unterstützen. Denn: Wer viele Körner frisst, braucht auch viel Wasser.

Erfahre hier die Vor- und Nachteile der einzelnen Futterhilfen.

Futterhilfe	Vorteile	Nachteile	Besucher
Hängende Futterhilfe	leicht zu befüllen, gut zugänglich, leicht zu warten	nur geeignete Futtermischungen	Meisen, Haussperling, Buntspecht, Grünfink, Erlenzeisig, andere Arten fressen die Körner, die runterfallen
Futter am Boden	leicht zu warten und umzusetzen	schlecht zu säubern	Taube, Singdrossel, Amsel, Buchfink, Grünfink
Futtertische, -häuser	bieten kleineren Arten Schutz vor Vertreibung durch größere Arten	schlecht zu säubern, Kot kommt leicht ins Futter, Futter wird schnell feucht	fast alle Gartenvögel

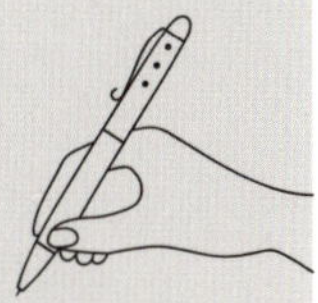

Checkliste für die Futterstelle

Ist dein Futterplatz katzensicher? Ja Nein

Bietet dein Futterhaus gute Lande- und Abflugmöglichkeiten? Ja Nein

Bleibt das Futter trocken? Ja Nein

Bietest du nur so viel Futter an, wie auch gefressen wird? Ja Nein

Säuberst du den Futterplatz regelmäßig? Ja Nein

Setzt du deine Futterstellen am Boden auch mal um? Ja Nein

Hast du deine Futterstelle für Beobachtungsspaß gut im Blick? Ja Nein

Bleib sauber!

Mal ehrlich, du isst bestimmt auch lieber an einem sauberen Tisch. Naschen Vögel in der Natur hier und da Sämereien, ist es egal, wenn sie dort auch ihr Geschäft erledigen. Nicht so am Futterhaus. Hier wird nicht nur gegessen, sondern auch gekotet. Im Kot wiederrum können auch Krankheitserreger wie Salmonellen sein, die so von einem Tier zum nächsten übertragen werden.

Das gesellige Treiben am Futterhaus ist Unterhaltung pur.

Stunde der Wintervögel

Jedes Jahr Anfang Januar findet die „Stunde der Wintervögel" statt. Diese Aktion des NABU und LBV hat zum Ziel, eine Stunde lang zu notieren, welche Vögel im Garten gesichtet werden können. Jetzt – mit Futterstelle – ist das kinderleicht für dich zu erledigen. Im Anschluss meldest du deine Vogelliste einfach telefonisch oder über die entsprechenden Websiten.

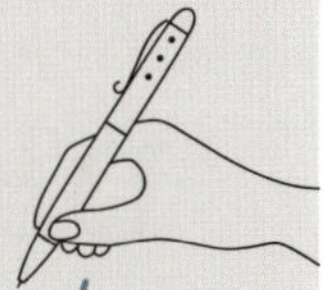

Kreuze an, wie hilfreich du die Hygiene-Maßnahmen findest.

Hygiene-Check am Futterhaus

Du hast mehrere Futterstellen im Garten eingerichtet. Dann stürzen sich nicht so viele nur auf eine Lokalität.

Nicht gegessene Futter und Samen-Schalen entfernst du immer mit einem kleinen Handbesen.

Alle paar Wochen spülst du die Futtereinheit mit heißem Wasser gründlich ab und lässt sie gut trocknen.

Futtersilos verschmutzen nicht so leicht. Sie machst du dann sauber, wenn du deutlich siehst, dass sie dreckig sind.

An Futtertischen und Häusern bietest du nicht zu viel an. Dann fällt dir das Reinigen leichter.

Bitte keine Kombis

Manchmal gibt es Futterhäuser, die mit Nistkästen kombiniert angeboten werden. Das sieht zwar nett aus, eignet sich aber nicht für eine verantwortungsvolle Fütterung. Denn wer brütet, möchte nicht dauernd Besuch haben.

Salzige Lebensmittel, verschimmeltes Futter oder ungekochter Reis, getrocknetes Brot oder Kokosraspeln haben beim Vögelfüttern nichts zu suchen. Sie können die Tiere krank machen!

Das richtige Futter

Ob sortenrein, als Fertigmischung oder selbst gemixt, ob mit oder ohne Fett – was du fütterst, entscheidest du.

Geschmäcker sind verschieden – je mehr unterschiedliches Futter du anbietest, desto mehr Gästen wirst du gerecht.

Ausschlaggebend ist, wieviel Geld und Zeit du aufwenden möchtest. Bei einem solltest du allerdings nicht sparen: der Qualität. Nichts ist blöder, als wenn die Vögel dein Futterangebot links liegen lassen. Viele der günstigen Hersteller setzen z.B. auf Füllstoffe. Meist sind das Getreidekörner oder Haferflocken, die von den Gartenvögeln gar nicht oder kaum gegessen werden. Auch verschimmeltes oder etwa durch falsche Lagerung verpilztes Futter kann Vögeln schaden.

Lieblingshappen

Vielfalt fördert Vielfalt – das ist auch am Futterhaus so. Möchtest du also verschiedene Besucher anlocken, musst du dich an ihren Vorlieben orientieren. Grundsätzlich sind folgende Futtersorten Klassiker:

Sonnenblumenkerne ungeschält: sind sehr energiehaltig. Darum sind sie ein Standard in allen Futtermischungen. Sonnenblumenkerne geschält: teurer, machen aber deutlich weniger Müll.

Hirse: feinere Samen. Der Hit vor allem bei Finken.

Nyjer-Samen: sehr feine Samen einer Distel-Art. Deswegen vor allem bei Stieglitzen beliebt.

Ob Vögel ein Futter annehmen, siehst du recht schnell. Experimentiere ein wenig und finde so die perfekte Futtermischung für deine Gartenvögel-Freunde!

Fütter-Tipps für dich

Frisches Obst
Der frisch gekaufte Apfel ist matschig? Einfach einmal durchschneiden und in den Garten werfen. Wenn der Apfel lieber an einem Platz bleiben soll, nimm ein Holzbrett mit einem großen, stumpfen Nagel und spieß das Obst auf. Geht auch super auf einem Fensterbrett!

Fett-Futter
Gerade Meisen stehen auf Fett-Futter, also Meisenknödel etc. Achte darauf, dass du welche ohne Plastiknetz kaufst. Darin können sich Vögel verheddern. Besonders viel Spaß macht das Selbermachen (siehe Seite 133)!

Selbstgemischt
Wenn du weißt, welche Vogelfreunde du erwarten darfst, kannst du ihnen individuell den Speiseplan gestalten. Selbst gemischtes Vogelfutter ist oft auch besser für den Geldbeutel.

Keine Ambrosia-Samen – darauf solltest du bei deiner Futterauswahl auf jeden Fall achten! Der Pollen kann starke Allergien auslösen, wenn die Samen aufgehen und die Pflanze zur Blüte kommt.

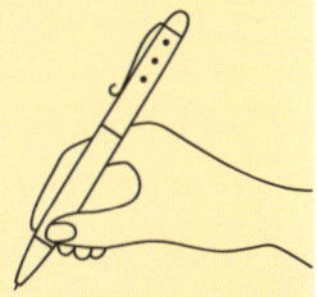

Wenn du ein Futter probiert hast, hake es ab und vergebe Sternchen, wie gut es bei den Vögeln ankommt.

Getrocknetes Obst: Manche Vögel stehen auf Früchte – gern auch getrocknet, etwa als Rosinen.

Erdnüsse: sind reich an Fetten. Sie können zerkleinert, als Nussbruch, oder noch in der Schale angeboten werden.

Insekten: getrocknet, im Futterblock oder lebend. Insekten werden von manchen Vögeln gern genommen. Insbesondere Maden, etwa von Wachsmotten, sind beliebt.

Handmade with love!

Backe, backe Kuchen!

Selbstgemachtes Vogelfutter lässt sich auch ganz prima an (menschliche) Vogelfreunde verschenken. Weihnachten kommt immer schneller, als man denkt!

Natürlich bietet dir der Handel unkompliziert Vogelfutter. Es macht aber Spaß, sich mal selbst in die Küche zu stellen! Da bestimmst du, welches Futter dazukommt und du schaffst optische Highlights für deinen Garten. Klassische Meisenknödel bestehen aus Fett und Sämereien. Gerade sie lassen sich ganz einfach selbst machen!

Du brauchst im Verhältnis 1x1:

- Rindertalg oder Kokosfett
- Futter wie Sonnenblumenkerne, Erdnussbruch, getrocknete Mehlwürmer, Trockenobst, ...

So geht's:

→ Erwärme die Hälfte des Fettes vorsichtig im Topf
→ Nimm den Topf vom Herd und gib das restliche Fett dazu.
→ Schön umrühren, bis auch das sich verflüssigt hat.
→ Jetzt kommt die gleiche Menge an Futtermittel dazu. So entsteht eine streichfähige Masse, die du jetzt in ein Gefäß deiner Wahl gibst.

Stieglitz

Kreative Darreichung

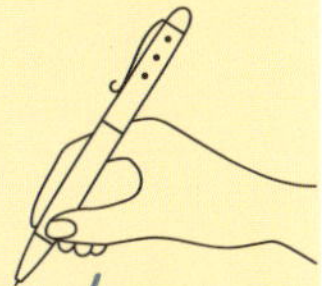

Hake ab, was du ausprobiert hast!

- [ ] In eine alte Tasse geben, die am Henkel aufgehängt werden kann.
- [ ] In einen Tontopf oder eine halbierte Kokosnussschale füllen und aufhängen.
- [ ] Mithilfe von Backpapier und Plätzchenformen Fettkuchen in weihnachtliche Formen bringen. Vor dem Auslösen gut abkühlen lassen.
- [ ] Kiefernzapfen reintunken oder Walnuss-Schalen mithilfe eines Löffels befüllen.

Je nach Darbietungsform kannst du gleich einen stabilen Bindfaden mit einbauen, damit du dein Kunstwerk gut aufhängen kannst.

Wem schmeckt was?

Trage ein und hake ab!

Amsel

Erste Sichtung an der Futterstelle am: ______________

- [ ] Äpfel
- [ ] Rosinen
- [ ] Haferflocken
- [ ] gehackte Nüsse
- [ ] Sonnenblumenkerne
- [ ] Mehlwürmer
- [ ] Beeren
- [ ] Fett

Die Geschmäcker sind verschieden – das gilt auch bei deinen Vogelfreunden.

Amseln, Drosseln und Rotkehlchen mögen zum Beispiel Weichfutter gern. Dazu zählen Äpfel, aber auch Getreideflocken, Rosinen oder Insekten. Finken – etwa Grünfink, Bergfink, Stieglitz – vergreifen sich vor allem an Körnerfutter. Meisen und Spatzen wiederum sind nicht besonders wählerisch. Sie lieben Erdnüsse, schätzen Sonnenblumenkerne und nehmen auch gern Fettfutter. Je nachdem, wie du die Futtermischung erstellst, kannst du verschiedenen Vögeln den Tisch decken.

Die unterschiedlichen Geschmäcker ...

Buntspecht

Erste Sichtung an der Futterstelle am: ______________

- [ ] Erdnüsse
- [ ] Sonnenblumenkerne
- [ ] Obst
- [ ] Beeren
- [ ] Fett
- [ ] Mehlwürmer
- [ ] Insekten

Buchfink

Erste Sichtung an der Futterstelle am: ______________

- [ ] Hirsesamen
- [ ] gehackte Nüsse
- [ ] Sonnenblumenkerne
- [ ] ölhaltige Samen
- [ ] Bucheckern

Gimpel

Erste Sichtung an der Futterstelle am: ______________

- [ ] Rosinen
- [ ] Sonnenblumenkerne
- [ ] gehackte Nüsse
- [ ] Beeren
- [ ] Fett

Grünfink

Erste Sichtung an der Futterstelle am: ______________

- [ ] Hirsesamen
- [ ] gehackte Nüsse
- [ ] Sonnenblumenkerne
- [ ] Obst
- [ ] Beeren

Rotkehlchen

Erste Sichtung an der Futterstelle am: ______________

- [ ] Haferflocken
- [ ] gehackte Nüsse
- [ ] Obst
- [ ] Beeren
- [ ] Fett
- [ ] Mehlwürmer
- [ ] Insekten

Besonders einfach machst du es den Vögeln, wenn du geschälte Sonnenblumenkerne anbietest – und du musst weniger aufräumen.

Kleiber

Erste Sichtung an der Futterstelle am: ______________

- [ ] Erdnüsse
- [ ] Sonnenblumenkerne
- [ ] Obst
- [ ] Beeren
- [ ] Fett
- [ ] Mehlwürmer
- [ ] Insekten

Sperlinge

Erste Sichtung an der Futterstelle am: ______________

- [ ] Getreidekörner
- [ ] Hirsesamen
- [ ] Haferflocken
- [ ] Erdnüsse
- [ ] Sonnenblumenkerne
- [ ] Fett
- [ ] Mehlwürmer

Meisen

Erste Sichtung an der Futterstelle am: ______________

- [ ] Sonnenblumenkerne
- [ ] gehackte Nüsse
- [ ] Fett

Stiglitz

Erste Sichtung an der Futterstelle am: ______________

- [ ] Gehackte Nüsse
- [ ] Distelsamen
- [ ] Sonnenblumenkerne
- [ ] Samen abgeblühter Stauden

Zaunkönig

Erste Sichtung an der Futterstelle am: ______________

- [ ] Weichfutter
- [ ] Insekten
- [ ] Insektenlarven

Besondere Wintergäste

Trage ein!

Das erste Mal gesehen habe ich dich am: ____________

So häufig warst du bei mir zu Besuch:

Das erste Mal gesehen habe ich dich am: ____________

So häufig warst du bei mir zu Besuch:

Das erste Mal gesehen habe ich dich am: ____________

So häufig warst du bei mir zu Besuch:

Wer ist denn das? Manche Vögel kannst du nur im Winter am Futterhaus beobachten.

Haubenmeise *Lophophanes cristatus*

Dank grau-weiß-gestreifter Federhaube ist die Haubenmeise leicht zu erkennen. Haubenmeisen gelten als sehr scheu, eigentlich turnen sie vor allem durch Nadelbäume. Manchmal trauen sie sich aber auch ans Futterhäuschen!

Seidenschwanz *Bombycilla garrulus*

Seidenschwänze sind ein Hingucker, mit der Federhaube und ihrer schmalen, schwarzen Augenmaske. Seidenschwänze leben eigentlich in Skandinavien und Russland. Ist der Winter besonders streng, fliegen sie invasionsartig zu uns, wo es milder ist. Seidenschwänze lieben Beeren aller Art.

Erlenzeisig *Spinus spinus*

Gesellig, das ist der Erlenzeisig auf jeden Fall! Gerade im Winter ist er in größeren Schwärmen unterwegs. Gut zu erkennen sind Erlenzeisige an ihrer grüngelben Färbung an Brust und Rücken, unterbrochen von einer dunkeln Strichelung. Eigentlich liebt er vor allem Birken- und Erlensamen. Am Futterhaus nimmt er aber auch gern andere Sämereien.

Tannenmeise *Periparus ater*

Dass es eine Meise ist, erkennt man gleich! Aber welche? Sie hat einen schwarzen Kopf und Hals sowie weiße Wangen, ähnlich einer Kohlmeise. Allerdings ist der Rest des Körpers mit weniger Farben geschmückt. Es dominieren weiß, grau und beige. Auch ist die Tannenmeise kleiner. Eigentlich sind Tannenmeisen vor allem in Nadelwäldern unterwegs. Im Winter schnappen sie sich aber auch gern etwas Futter am Futterhaus in Waldnähe.

Das erste Mal gesehen habe ich dich am: ____________________

So häufig warst du bei mir zu Besuch:

Bergfink *Fringilla montifringilla*

Bergfinken sind Zugvögel aus dem Norden, wir sind ihr „Süden“. Von Oktober bis März sind sie bei uns zu finden. Sie mischen sich unter die heimischen Finken oder bilden eigene Trupps. Zum Schlafen sitzen sie eng nebeneinander auf Ästen. Man kann Bergfinken leicht mit Buchfinken verwechseln, allerdings haben sie eine orange gefärbte Brust und Schulter. Der Bauch ist weiß.

Das erste Mal gesehen habe ich dich am: ____________________

So häufig warst du bei mir zu Besuch:

Goldammer *Emberiza citrinella*

Goldammer-Männchen fallen im Sommer durch ihr gelbes Gefieder an Kopf und Bauch auf. Jetzt, im Winter, sind sie deutlich unauffälliger, blasser gefärbt. Ihr Schwanz geht ins Rotbraune. Goldammern schließen sich im Winter zu Gruppen zusammen und schauen dann auch mal in Gärten, ob sie ein paar Sämereien erhaschen können.

Das erste Mal gesehen habe ich dich am: ____________________

So häufig warst du bei mir zu Besuch:

Zum Weiterbilden & Lösungen

Zaunkönig

Bücher

Bezzel, E. (1982): Vögel in der Kulturlandschaft. Verlag Eugen Ulmer, Stuttgart

Nelson, A./Merker, H. (2023): Die Kraft der Vogelbeobachtung. freya Verlag, Österreich

Schäffer, N./Schäffer, A. (2022): Vögel füttern im Garten. Verlag Eugen Ulmer, Stuttgart

Tinz, S. (2014): Ideenbuch Vogelhäuschen. Verlag Eugen Ulmer, Stuttgart

Hartmann, S. (2023): Die Superkräfte der Vögel. Kosmos Verlag, Stuttgart

Podcasts

Reingezwitschert – der Vogelpodcast des NABU

Vögel, aber cool! – Podcast von Silke Hartmann mit jeder Menge erstaunlicher Vogelfakten

Gut zu vögeln – unterhaltsamer Podcast von zwei Hobby-Ornithologen

Amsel

Apps rund um Vogelbestimmung

BirdNET-App – Vogelstimmenbestimmungsapp der TU Chemnitz

Merlin Bird ID – Vogelbestimmungsapp vom Cornell Lab of Ornithology

Naturblick – Bestimmungsapp des Naturkundemuseums Berlin

NABU Vogelwelt Vögel bestimmen

Elster

Lösungen

Der kleine Zaunkönig ist zu finden auf den Seiten: 17, 43, 80, 107 und 139

Auflösung von Seite 21

Kohlmeise C,
Rotkehlchen D,
Haussperling C,
Gimpel B,
Kleiber C,
Bachstelze D,
Feldlerche A

Auflösung von Seite 85

1. Elster,
2. Rauchschwalbe,
3. Amsel,
4. Specht,
5. Buchfink

Noch mehr Infos & Ideen gefällig?

Online unter www.ulmer.de/service/extras findest du noch mehr Extramaterial zum Herunterladen und Ausdrucken.

Auflösung von Seite 96

1. Daunenfeder,
2. Schwanzfeder,
3. Schwungfeder,
4. Deckfeder

Antworten von Seite 118-119

1C, 2A, 3B, 4C, 5A, 6C, 7B

Zum Nachschlagen

Über die Autorinnen

Luise Heine, studierte Zoologie in Regensburg, um im Anschluss in den Wissenschaftsjournalismus einzutauchen. Seit 2017 pflegt sie mit viel Freude einen eigenen Garten, inklusive Garten-Vogel-Freunden und reichlich Wirbellosen. Nur den Nacktschnecken machen zwei Laufenten regelmäßig den Garaus.

Anita Schäffer, studierte Forstwirtschaft in Weihenstephan, Diplomarbeit zu Naturerziehung und Umweltbildung. Sie ist im Bereich Printmedien zu Vogelkunde, Natur vor der Haustür und Umweltbildung tätig und erstellt naturschutzfachliche Gutachten.

Besonderer Dank

Viele vogelbegeistere Menschen haben uns dabei geholfen, dieses Buchprojekt in die Tat umzusetzen. Vielen Dank an dieser Stelle, dass ihr alle so ein großes Herz für Vögel habt!

Vögel nicht nur sichtbarer, sondern auch hörbar zu machen – das können wir in diesem Buch dank **Beatrix Saadi-Varchmin**. Sie war so großartig, uns Stimmen aus ihrem Vogel-Stimmen-Archiv zur Verfügung zu stellen. Herzlichen Dank dafür! Mehr davon gibt es auf ihrer Website https://vogelgetwitter.de/.

Impressum

Bildquellen: Anita Schäffer: S. 13 | Flora Press/gartenfoto.at: S. 115 | Frank Hecker Naturfotografie: S. 20 M. u. | Luise Heine: S. 16, 22, 23 , 143 o. | mauritius images: 20 u., 39 re., 47 re., 55 o. re., 63 li., 67 o. re., 67 u. re., 87, 135 | N. Schäffer: S. 143 u. || Shutterstock.com: adamikarl: S. 139 o. | Africa Studio: S. 96 u. re. | Agorca: S. 69 li. | AndreyOzhegov: S. 31 | Antonina Kuznetsova: S. 20 o. | AYDO8: S. 96 o. | Bachkova Natalia: S. 37 | CezaryKorkosz: S. 57 | clarst5: S. 7, 27, 29, 85 M. li., 136 u. M., 137 o. M., 137 M. li. | DimaBerlin: S. 91 | domnitsky: S. 132 M. | Drakuliren: S. 78, 85 o. re., 108 | Elena Schweitzer: S. 133 re. | Eric Isselee: S. 36, 85 M. re., 141 u. | Erni: S. 71 o., 139 re. | fluffandshutter: S. 71 M. | Francesca Leslie: S. 85 o. li. | gergosz: S. 39 li., 47 li., 70 o. | godi photo: S. 70 u. | Hannu Rama: S. 138 M. | Henri_Lehtola: S. 139 M. | ihelgi: S. 123 | imageBROKER.com: S. 138 u. | Ivan Chistyakov: S. 8, 137 M. M. | Jeanette Muniz Media: S. 20 M. o. | Jesus Giraldo Gutierrez: S. 69 re. | Jgade: S. 12, 121, 137 o. re. | John Navajo: S. 61, 67 u. li. | Kichigin: S. 101 | Kostas Restas: S. 84 o. re. | Kovaleva_Ka: S. 132 li. | LisaM328: S. 84 u. li. | Liviu Constantin Popa: S. 71 u. | M.fowers: S. 113 | Mark robert paton: S. 76 | Martin Mecnarowski: S. 45 | Maslov Dmitry: S. 92, 102 | Massimo.M: S. 84 o. li. | matushaban: S. 63 re. | NataliaZa: S. 133 M. | Nick Vorobey: S. 49, 65 | Nitr: S. 130 | nojafoto: S. 41, 138 o. | photomaster: S. 134, 137 M. re. | Piotr Krzeslak: S. 51, 53 | Pixel-Shot: S. 133 li. | Potapov Alexander: S. 74, 85 u. li., 136 o., 141 o. | Rosa Jay: S. 85 u. re., 136 u. li. | SanderMeertins-Photography: S. 43 | sasimoto: S. 135 | schankz: S. 96 u. M. | ScratchArt: S. 71 u. | SGR Wildlife Photography: S. 55 o. li. | Smit: S. 127 | smutan: S. 137 u., 140 | stmilan: S. 67 o. li. | sulit.photos: S. 105 | taviphoto: S. 55 u. | Temir Shintemirov: S. 84 u. re. | vvoe: S. 132 re. | WildlifeWorld: S. 36, 125, 129, 136 u. re., 137 o. li. | WildMedia: S. 59 | xpixel: S. 96 u. li. || **Zeichnungen:** NABU-Bundesverband (www.NABU.de/vogeluhr): S. 81 | Shutterstock.com: Cat_arch_angel: Mood-Tracker | Cernecka Natalja: Malschule | Elala: Federn | Julia Henze: Schneeflocken | Lili Kudrili: Covermotiv, S. 3 | StockSmartStart: Blätter | WinWinFolly: Schneeglöckchen, Erdbeeren & Blüten || **Icons & Doodles:** Die Layoutelemente erstellte Michaela Maylander, www.sistermic.de, mit Ausnahme der folgenden: Shutterstock.com: ahmad agung wijayanto: Daumen | Amina Uzdenova: Glühbirne | ArtMari: Kompass | Bipsun: Vogel-Silhouetten | MariMuz: offenes Buch | Nadiinko: Sonne, Sonne hinter Wolke, Wolke, Regenwolke & Schneeflocke | Polina Tomtosova: Ausrufezeichen | Pukskup: Fotoapparat, Farbpalette & Notenschlüssel | Sudowoodo: Vogel-Icon| Vector bucket: Herz | Viktoria Karpunina: Zaunkönig-Silhouette | creativemarket.com: Naive Feel: Papier-Hintergründe des Umschlags und der Aufmacher | NatalieArtShop: Hand mit Stift & Bücherstapel | Pinkbrush: Checkboxen, Tippboxen, Striche, Pfeile, Sprechblasen auf Seite 7.

Die in diesem Buch enthaltenen Empfehlungen und Angaben sind von der Autorin/vom Autor mit größter Sorgfalt zusammengestellt und geprüft worden. Eine Garantie für die Richtigkeit der Angaben kann aber nicht gegeben werden. Autorin/Autor und Verlag übernehmen keine Haftung für Schäden und Unfälle. Bitte setzen Sie bei der Anwendung der in diesem Buch enthaltenen Empfehlungen Ihr persönliches Urteilsvermögen ein.
Der Verlag Eugen Ulmer ist nicht verantwortlich für die Inhalte der im Buch genannten Websites.

Anmerkung zur Schreibweise (Gendering): Gendergerechtigkeit und Inklusion sind bei uns gelebte Praxis – bei der Auswahl unserer Themen, bei der Recherchearbeit, in der Gestaltung. Unsere Texte meinen alle. Damit unsere Inhalte jedoch gut lesbar bleiben, verzichten wir in diesem Werk auf die jeweilige Mehrfachnennung oder Anpassung der Schreibweise bestimmter Bezeichnungen an die weibliche, männliche oder diverse Form.

Bibliografische Information der Deutschen Nationalbibliothek
Die Deutsche Nationalbibliothek verzeichnet diese Publikation in der Deutschen Nationalbibliografie; detaillierte bibliografische Daten sind im Internet über http://dnb.d-nb.de abrufbar.

Wollgrasweg 41, 70599 Stuttgart (Hohenheim)
E-Mail: info@ulmer.de
Internet: www.ulmer.de
Projektleitung: Saskia Hoen
Konzept: Christine Hutschenreuther
Lektorat: Alessandra Kreibaum
Herstellung: Birgit Heyny
Reihen- und Umschlaggestaltung:
Michaela Mayländer, Stuttgart, www.sistermic.de
Satz: Marion Schreiber, www.marionschreiber.de
Reproduktion: time:ray, Jettingen
Druck und Bindung: Pustet, Regensburg
Printed in Germany

ISBN 978-3-8186-2489-7

FSC www.fsc.org
MIX
Papier | Fördert gute Waldnutzung
FSC® C014889